La fibra

Francesco Capasso • Stefano Castaldo

La fibra

FRANCESCO CAPASSO
STEFANO CASTALDO
Dipartimento di Farmacologia Sperimentale
Università Federico II
Napoli

Springer-Verlag fa parte di Springer Science+Business Media

springer.it

© Springer-Verlag Italia 2004

ISBN 88-470-0280-X

Quest'opera è protetta dalla legge sul diritto d'autore. Tutti i diritti, in particolare quelli relativi alla traduzione, alla ristampa, all'utilizzo di illustrazioni e tabelle, alla citazione orale, alla trasmissione radiofonica o televisiva, alla registrazione su microfilm o in database, o alla riproduzione in qualsiasi altra forma (stampata o elettronica) rimangono riservati anche nel caso di utilizzo parziale. La riproduzione di quest'opera, anche se parziale, è ammessa solo ed esclusivamente nei limiti stabiliti dalla legge sul diritto d'autore ed è soggetta all'autorizzazione dell'editore. La violazione delle norme comporta le sanzioni previste dalla legge.

L'utilizzo in questa pubblicazione di denominazioni generiche, nomi commerciali, marchi registrati, ecc. anche se non specificamente identificati, non implica che tali denominazioni o marchi non siano protetti dalle relative leggi e regolamenti.
Responsabilità legale per i prodotti: l'editore non può garantire l'esattezza delle indicazioni sui dosaggi e l'impiego dei prodotti menzionati nella presente opera. Il lettore dovrà di volta in volta verificarne l'esattezza consultando la bibliografia di pertinenza.

Impaginazione: Graphostudio, Milano
Stampa: Arti Grafiche Nidasio, Assago
Layout di copertina: Simona Colombo, Milano

Stampato in Italia

Prefazione

La fibra vegetale ha assunto in questi ultimi anni un'importanza enorme nella prevenzione di alcuni disturbi e per la remissione di alcune patologie.

L'evidenza scientifica degli effetti benefici della fibra trova spazi significativi nella letteratura scientifica, viene considerata con attenzione in ambito farmacologico, oltre che nutrizionistico, ed è dibattuta di frequente dai mass media al punto da diventare di dominio pubblico.

A parte l'importanza di una dieta ricca di fibre, a base di cereali, frutta e verdura, esistono oggi in farmacia, ed in alcuni casi anche in erboristeria, alimenti dietetici arricchiti di fibre (biscotti, fiocchi di cereali, ecc.), integratori alimentari (tavolette di crusca, ecc.) e medicamenti, anche di tipo "salutistico", a base di mucillagini e gomme (psillio, guar, karaya) che trovano un ampio consenso in vasti strati della popolazione. Esistono poi diversi prodotti erboristici a base di fibre che aiutano a prevenire o combattere disturbi a carico del digerente, ma anche metabolici, se impiegati con raziocinio e seguendo con attenzione i consigli di medico e farmacista.

Gli argomenti esposti possono sembrare, a prima vista, trattati in modo non rigorosamente scientifico. Il nostro intento è stato quello di curare la semplicità espositiva, partendo dai dati sperimentali ed epidemiologici, in modo da rendere la lettura di questo manuale il più possibile semplice e chiara alla maggior parte dei lettori. Per questa ragione sono state opportunamente inserite anche numerose tabelle e figure, per esplicitare meglio alcuni concetti, oltre che sintetizzarli.

Il testo è arricchito, infine, da utili notizie su prebiotici, mucillagini e gomme dietetiche.

Al termine di questa breve trattazione viene riportata una bibliografia essenziale, utile per chi volesse approfondire gli argomenti trattati.

Un ringraziamento è rivolto alla Dott.ssa Maria Potenza per avere, con il suo incisivo intervento, consentito di realizzare questo manuale.

Si ringrazia, infine, la Springer Italia per aver aderito all'idea di divulgare questo argomento.

Francesco Capasso
Stefano Castaldo

Indice

	Abbreviazioni	IX
1	Introduzione	1
2	Definizione di fibra	3
	2.1 Aspetti chimici	5
	2.2 Aspetti botanici	7
	2.3 Aspetti analitici	8
	2.4 Aspetti fisiologici	9
3	Altre sostanze associate alla fibra	12
4	Fibra ed alimentazione	17
5	Fibra e malattie croniche	20
6	Aspetti farmacologici della fibra	22
	6.1 La fibra e le funzioni dell'intestino	22
	6.2 La fibra ed il metabolismo di colesterolo e glucosio	23
	6.3 La fibra e l'integrità della mucosa intestinale	24
7	Fibra e costipazione	27
	7.1 Le funzioni dell'intestino	28
	7.2 La stipsi e le cause che la determinano	29
	7.3 La stipsi e l'effetto lassativo della fibra alimentare	34
	7.4 Quando ricorrere alla fibra alimentare	36
8	Fibra e colesterolo	40
9	Fibra ed obesità	45
10	Effetti indesiderati della fibra alimentare	52

11 Prebiotici 54
    11.1 I Frutto-Oligo-Saccaridi (FOS) 56

12 Mucillagini 61
    12.1 Psillio 61

13 Gomme 69
    13.1 Guar 69
    13.2 Karaya 72

14 Conclusioni 74

15. Glossario 77
    Bibliografia essenziale 81
    Indice analitico 85

Abbreviazioni

AGCC	acidi grassi a catena corta
APO	apoproteina
BMI	indice massa corporea
DEAE-destrano	dietilaminoetil-destrano
DHA	acido docosaesaenoico
EPA	acido eicosapentaenoico
FDA	Food and Drug Administration
FOS	frutto-oligo-saccaridi
GC	gascromatografia
GLC	gascromatografia in fase liquida
GOS	gluco-oligo-saccaridi
HDL	lipoproteina ad alta densità
HMG-CoA	idrossimetilglutaril-CoA
HPLC	cromatografia liquida ad alta prestazione
IDL	lipoproteina a densità intermedia
LDL	lipoproteina a bassa densità
OTC	farmaci da banco
PHGG	gomma guar parzialmente idrolizzata
SCI	sindrome colon irritabile
SNC	sistema nervoso centrale
SOP	farmaci senza obbligo di prescrizione
SOS	soia-oligo-saccaridi
SP	farmaci senza prescrizione
TOS	galatto-oligo-saccaridi
VLDL	lipoproteina a densità molto bassa

1. Introduzione

Studi clinici, sperimentali ed epidemiologici, condotti in questi ultimi anni, hanno evidenziato che un uso quotidiano di fibre vegetali (25-35 grammi) riduce sensibilmente il rischio di disturbi e/o patologie a carico del sistema digerente (stipsi, colon irritabile, cancro intestinale, ecc.) e cardiovascolare (malattie coronariche, ischemia cardiaca). Così pure l'assunzione regolare di fibre vegetali abbassa i livelli ematici di colesterolo e glucosio e sembra giovare all'obeso.

Questi effetti benefici dipendono innanzitutto dal fatto che le fibre, per la loro blanda azione lassativa, riducono il tempo di permanenza di nutrienti e tossine nel lume intestinale e quindi il loro assorbimento. L'apporto calorico dei nutrienti è così ridotto ed è diminuito anche il rischio di cancro all'intestino. Un'adeguata introduzione di acqua, consigliata sempre in caso di somministrazione di fibre, facilita poi la diluizione di sostanze tossiche nel lume intestinale, riducendo ulteriormente il rischio di fenomeni tossici.

L'effetto benefico delle fibre è rappresentato anche dal fatto che queste si comportano come una spugna, assorbendo e trattenendo non solo acqua e tossine, bensì anche acidi grassi, fosfolipidi ed acidi biliari, che, se assorbiti, possono incrementare la sintesi di lipoproteine deputate al trasporto di colesterolo. D'altra parte, una maggiore eliminazione di acidi biliari, provoca una sintesi *de novo* di questi composti: tutto ciò avviene a spese del colesterolo circolante, il cui livello ematico si abbassa di conseguenza.

Le fibre assorbono anche batteri normalmente presenti nell'intestino e, così facendo, impediscono la trasformazione batterica di alcune sostanze in metaboliti tossici: il ciclamato è, per esempio, tossico in individui alimentati con una dieta povera di fibre e questo lascia supporre che le fibre nel colon impediscono la trasformazione batterica del ciclamato nel suo metabolita tossico.

Comunque non tutti concordano sull'assunzione giornaliera di fibre vegetali: ad esempio i sintomi del colon irritabile risultano esacerbati, in particolare le alterazioni dell'alvo seguite da distensioni e dolore addominale. D'altra parte è il caso di chiedersi cosa s'intende per fibra e se esistono fibre con diverse funzioni, da utilizzare per risolvere problemi differenti.

2. Definizione di fibra

Il termine fibra, largamente utilizzato da nutrizionisti e dietologi, è di difficile definizione, perché esprime un concetto nutrizionale e fisiologico piuttosto che una classe di sostanze chimiche (Fig. 2.1).

Il concetto di fibra fu inizialmente adottato per indicare alcuni carboidrati non facilmente assimilabili. Successivamente la fibra fu identificata con la cellulosa; più tardi fu introdotto il concetto di fibra grezza per indicare il residuo vegetale che resiste agli acidi ed agli alcali, quindi si è evoluto in un concetto più fisiologico che chimico quale quello di fibra alimentare. Questo termine fu, comunque, usato inizialmente per designare i residui vegetali che resistono alla digestione operata dagli enzimi presenti nel lume intestinale (i componenti della parete della cellula vegetale ed alcuni polisaccaridi intracellulari).

Questa definizione non è comunque completa anche perchè non tiene conto della eterogeneità della composizione chimica, della diversità della matrice vegetale e delle molteplici caratteristiche fisiologiche dei componenti la fibra. Si è fatta così strada l'idea di considerare la composizione chimica della fibra e quindi si è parlato di volta in volta di "lignine e polisaccaridi vegetali" oltre che di "glucani", di "polisaccaridi non amidacei" e di "lignine" e di "frazione resistente di amido" che dovrebbe raggiungere il lume del colon immodificata. Più tardi il concetto di fibra include anche idrocolloidi capaci di formare soluzioni viscose o gel (galattomannani presenti nella gomma guar e gomma karaya, eteroxilani presenti nello psillio).

Da alcuni anni si cerca, comunque, di integrare la definizione fisiologica con quella analitica. La fibra è distinta, da un punto di vista analitico, in solubile ed insolubile: la fibra solubile agisce prevalentemente nel primo tratto del digerente (stomaco e tenue), mentre la fibra insolubile è più attiva nella parte terminale del digerente (crasso).

L'argomento, però, non è così semplice come sembra, perché negli alimenti vegetali è quasi sempre presente l'uno e l'altro tipo di fibra (solubile ed insolubile); inoltre sono presenti composti che sembrano fibre da un punto di vista analitico ma non da un punto di vista fisiologico e viceversa. Ad esempio i tannini, ma anche alcune proteine, possono con dei metodi analitici sembrare lignine. La crusca di frumento contiene quantità significative di polisaccaridi e di composti fenolici. Altri composti alimentari indigeribili, non considerati fibre nel senso tradizionale del termine, sono poi gli oligosaccaridi, le cere, i composti inorganici, i pigmenti o i coloranti aggiunti, i grassi e le proteine (glicoproteine) associate alla parete cellulare e poi saponine, fitati, ecc.

- Carboidrati non assimilabili

- Cellulosa

- Polisaccaridi non amidacei

- Residuo vegetale che resiste agli acidi ed agli alcali (fibra grezza)

- Residuo vegetale che resiste all'azione degli enzimi digestivi (fibra alimentare)

- Residuo vegetale solubile ed insolubile in acqua

- Residuo vegetale con effetti fisiologici utili (fibra funzionale)

- Residuo vegetale "resistente" con effetti fisiologici (fibra totale)

- Miscela di sostanze diverse, presenti negli alimenti di origine vegetale, che resistono alla digestione enzimatica

Fig. 2.1. Evoluzione del concetto di fibra

Alcuni additivi alimentari (gomme, mucillagini, ecc.), anche se presenti in piccole quantità negli alimenti, sono anch'essi considerati fibre alimentari. L'amido indigeribile è un'altra fonte di fibra; l'amido è stato sempre visto come una sostanza completamente assimilabile, anche se alcuni studi hanno dimostrato che una parte di amido in alcuni alimenti non è digeribile. Tutte queste sostanze sono da considerare al pari delle fibre. Pertanto oggi per fibra alimentare s'intende una miscela di sostanze diverse, presenti in quantità variabile negli alimenti vegetali (in relazione alla specie, alla parte della pianta utilizzata ed al tempo di raccolta) che resistono alla digestione enzimatica e pertanto raggiungono il colon sostanzialmente inalterate.

2.1 Aspetti chimici

I costituenti chimici della fibra vegetale sono, secondo la nomenclatura classica: cellulosa, lignina, pectine, emicellulose, gomme e mucillaggini.
La cellulosa è un polimero lineare fatto esclusivamente di unità di D-glucosio, legate in 1,4 e completamente insolubile in acqua. Non è digerita dagli enzimi dell'intestino ma è fermentata dalla flora batterica intestinale. Inoltre, poiché è utilizzata come additivo alimentare, fa parte della fibra alimentare e funzionale.
La lignina è un polimero di unità di fenilpropani: i costituenti principali di questo polimero sono gli alcoli cumerilico, coniferilico e sinafilico. La polimerizzazione avviene tramite l'ossidazione del gruppo fenolico che dà origine a fenossi radicali mesomerici. L'unione di questi radicali forma la molecola complessa della lignina. Poiché la polimerizzazione avviene in una varietà di modi, riesce difficile trovare un metodo semplice che consenta di definire la differenza esistente tra le lignine presenti nei vegetali di uso alimentare. Il problema è che l'azione degli enzimi perossidasi e laccasi condensa le molecole formando strutture con concentrazioni variabili dei tre alcoli. La lignina scarseggia nei tessuti vegetali ingeriti dall'uomo, ma grazie alla presenza di gruppi fenolici si è supposta un'azione protettiva di questo polimero sull'insorgenza di tumori intestinali.
Le pectine sono polimeri dell'acido D-galatturonico che si differenziano per il grado di metilazione dei gruppi carbossilici dell'acido.

pectina (struttura parziale)

cellulosa (struttura parziale)

Possono distinguersi in: (i) acidi pectinici, composti colloidali dell'acido poligalatturonico quasi privo di gruppi metilici; (ii) acidi pectinici, composti colloidali dell'acido poligalatturonico parzialmente metilato; (iii) pectine, composti colloidali dell'acido poligalatturonico, solubili in acqua, con più alto grado di metilazione. Alcune pectine sono omogalatturonani, costituite da unità di acido galatturonico; queste pectine, altamente metilate, sono piuttosto rare. La maggior parte sono invece ramnogalatturonani, costituite da catene di acido galatturonico, interrotte, più o meno regolarmente, da unità di ramnosio. In molti casi sul carbonio 4 del ramnosio sono presenti oligosaccaridi costituiti da arabinosio e galattosio. La solubilità, la viscosità, la stabilità, la capacità di formare gel aumentano all'aumentare del grado di metilazione (DM). Il DM degli acidi pectinici è inferiore a 5, quello delle pectine mediamente metilate è fino a 50 e il DM delle pectine altamente metilate è circa 72. Le pectine sono spesso usate come additivi alimentari per marmellate e confetture.

Le emicellulose erano considerate polisaccaridi della parete cellulare solubili in soluzioni alcaline dopo estrazione di materiali solubili in acqua e di pectine. Oggi il termine è riferito a tutti i polisaccaridi vegetali che non sono né cellulosa né pectine. Esempi sono dati da xiloglucani, arabinoxilani, xilani, glucomannani. Anche **le gomme** e **le mucillagini** sono delle emicellulose, ma verranno considerate a parte a causa di alcune proprietà fisiologiche, in primo luogo la viscosità. I tentativi per distinguere le gomme dalle mucillagini sono stati fatti sulla base del loro comportamento a contatto con l'acqua: le gomme sono normalmente abbastanza solubili, mentre le mucillagini non si sciolgono ma si rigonfiano soltanto per formare una massa viscosa. Oggi si tende a sostituire i termini gomme e mucillagini con uno più generale come "idrocolloidi vegetali". Questi composti sono polimeri di monosaccaridi e loro derivati (residui di pentoso ed esoso, oltre ai loro prodotti di ossidazione, ed unità di acido uronico) ed hanno una struttura piuttosto complessa e non sempre del tutto nota. I polisaccaridi che costituiscono gli idrocolloidi possono essere di tre tipi: (i) polisaccaridi acidi, la cui acidità è dovuta alla presenza di acidi uronici; (ii) polisaccaridi acidi, la cui acidità è dovuta alla presenza di gruppi solforici (non sono presenti nelle piante superiori, ma sono largamente diffusi nelle alghe); (iii) polisaccaridi neutri, che generalmente sono glucani e si trovano frequentemente nei semi.

2.2. Aspetti botanici

Una differenziazione botanica della fibra non è stata ancora proposta, forse per la diversità delle piante che la forniscono. Comunque, la localizzazione dei costituenti della fibra nel tessuto vegetale può essere considerata un utile elemento per differenziare i diversi componenti della fibra vegetale.

Ad esempio la cellulosa è la principale componente delle pareti cellulari di molte piante. È presente nelle cellule meristematiche giovani oltre che nelle pareti ispessite delle fibre.

Le mucillagini sono dei normali costituenti cellulari localizzati in cellule mucillaginose che si trovano frequentemente nel tegumento del seme.

Le gomme sono "essudati" che si formano nelle piante in risposta ad un fatto traumatico.

Le pectine possono trovarsi nelle pareti cellulari relativamente spesse, ma anche tra le cellule: per alcuni si tratta di una "colla biologica" che tiene insieme le cellule vegetali.

Le emicellulose si trovano lungo i tessuti delle piante e così via (Tab. 2.2).

Tabella 2.2. Caratteristiche botaniche della fibra vegetale

Composto	Parete cellulare*	Spazi intracellulari	Essudato
Cellulosa	+		
Pectine	+	+	
Emicellulose	+	+	+
Gomme	+	+	+
Mucillagini	+	+	+
Lignine	+	+	

* Nella parete cellulare (stato secco) è presente cellulosa (35%); polisaccaridi non cellulosici (emicellulose, gomme, mucillagini, pectine) (45%); lignine (17%); proteine (3%); ceneri (2%).

2.3 Aspetti analitici

I metodi di analisi proposti per valutare il contenuto della fibra vegetale sono diversi e rispondono ad esigenze diverse. Si basano comunque sullo stesso principio generale: una reazione di tipo chimico, enzimatico oppure chimico ed enzimatico, seguita da determinazioni gravimetriche (le più utilizzate), colorimetriche o cromatografiche (HPLC, GC, GLC, ecc.). La Figura 2.2 schematizza queste procedure di analisi.

Nel caso della crusca si determina ad esempio il peso della frazione solubile ed insolubile della fibra. In pratica il campione da analizzare viene "sgrassato" con dietiletere ed amido, "gelatinizzato" in autoclave ed infine "idrolizzato" mediante incubazione del campione con una amiloglicosidasi. Un trattamento successivo con tripsina elimina le proteine.

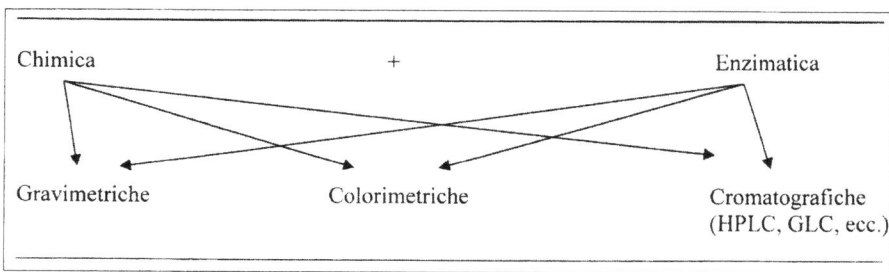

Fig. 2.2. Metodiche di analisi della fibra vegetale

Definizione di fibra

La fibra insolubile viene quindi essiccata e pesata mentre quella solubile precipita in seguito a trattamento con etanolo. Il risultato finale terrà anche conto della presenza dei minerali (determinati mediante calcinazione) e del residuo proteico non idrolizzato.

2.4 Aspetti fisiologici

La fibra vegetale, anche se resiste agli enzimi digestivi, può influenzare la digestione, cioè quell'insieme di processi che hanno luogo nello stomaco e nel primo tratto dell'intestino (tenue) e che precedono l'assorbimento dei prodotti della digestione da parte della mucosa del tenue. Pertanto gli effetti della fibra sulla digestione interessano sia lo stomaco che il tenue.

Innanzi tutto la fibra influenza lo svuotamento gastrico. Alcuni considerano questo effetto una funzione della viscosità della fibra, altri il risultato di una incrementata sazietà o di una ridotta "fame" che si verifica con l'assunzione di un pasto ricco di fibre, altri ancora considerano importante l'effetto tampone della fibra sulla secrezione acida dello stomaco.

La fibra influenza anche il transito nell'intestino tenue. In particolare, le fibre solubili (gomme, pectine, ecc.) lo ritardano mentre quelle insolubili (cellulosa) lo accelerano. Un altro effetto della fibra è la sua capacità di legare (sequestrare) gli acidi biliari nel lume dell'ileo: questo effetto è tipico delle fibre solubili piuttosto che di quelle insolubili, anche se la lignina mostra una elevata capacità di legare gli acidi biliari. Il fatto di legare gli acidi biliari nell'ileo comporta, tra l'altro, la mancata formazione di micelle, necessarie per l'assorbimento di colesterolo e grassi.

Un altro possibile effetto della fibra è quello di legare i minerali (Ca, Mg, Fe, Cu, Zn, ecc.) e di ridurne l'assorbimento e la biodisponibilità. Esistono, però, studi che indicano un normale assorbimento dei minerali da parte della mucosa intestinale. D'altra parte c'è da osservare che l'ipertrofia della parete intestinale conseguente all'uso di pasti ricchi di fibre può incrementare, piuttosto che ridurre, l'assorbimento dei minerali.

Da quanto detto sembra piuttosto evidente che la fibra solubile, al contrario di quella insolubile, è quella che svolge importanti effetti fisiologici nel primo tratto del digerente. Questi effetti sono una conseguenza della capacità della fibra solubile di formare un gel che rallenta lo svuotamento gastrico e di creare un ambiente viscoso nell'ileo che impedisce la diffusione dei nutrienti e rallenta il transito. Di conseguenza si ha un ridotto assorbimento di grassi, una maggiore tolleranza al glucosio, una ridotta risposta al glucosio e una ridotta insulinemia.

L'evento più importante che avviene nel tratto terminale del digerente (colon) è invece l'idrolisi e la fermentazione della fibra alimentare. Gli aspetti quali-quantitativi di questo evento dipendono dal tipo di fibra, ma anche dal tempo di transito e dalla composizione della flora residente.

Delle fibre insolubili, la lignina attraversa immodificata il colon (non viene né fermentata, né idrolizzata). Il suo effetto è puramente fisico: aumenta la massa fecale (effetto *bulking*) e di conseguenza riduce il tempo di transito. Comunque, poichè la lignina scarseggia nella dieta, questo effetto non ha alcuna importanza fisiologica.

Tabella 2.3. Proprietà fisiologiche della fibra

Tipo di fibra	Fonte	Proprietà fisico-chimiche	Effetti fisiologici
Cellulosa*	Cereali Crusca Grano intero Prodotti integrali	Non digeribile Insolubile in acqua Assorbe acqua	↑ Massa fecale ↓ Transito intestinale ↓ Pressione nel colon
Emicellulosa	Cereali Grano Crusca Prodotti integrali	Parzialmente digeribile In genere insolubile in acqua Assorbe acqua	↑ Massa fecale ↓ Transito intestinale ↓ Pressione nel colon
Lignina*	Verdure	Non digeribile Insolubile in acqua Adsorbe sostanze organiche	↑ Massa fecale Lega colesterolo Lega agenti cancerogeni
Pectine	Frutta	Digeribili Solubile in acqua Mucillaginose	↓ Svuotamento gastrico ↓ Assorbimento zuccheri ↓ Colesterolo ematico
Gomme e mucillagini	Legumi	Digeribili Solubili Mucillaginose	↓ Svuotamento gastrico ↓ Assorbimento zuccheri ↓ Colesterolo ematico

* non fermentabili; ↑ aumento; ↓ riduzione

Definizione di fibra

Anche la cellulosa e le emicellulose non sono idrolizzate e fermentate o lo sono parzialmente. Producono un effetto *bulk forming* la cui importanza fisiologica dipende dal grado di fermentazione che subiscono.

La fibra solubile è invece idrolizzata ed i prodotti di idrolisi fermentati dalla flora batterica residente nel colon. In seguito alla fermentazione si ha un incremento della massa batterica che indirettamente causa un incremento della massa fecale che risulta anche più soffice per un effetto osmotico dei prodotti della fermentazione. L'insieme delle proprietà fisico-chimiche della fibra ne condizionano gli effetti fisiologici che sono diversi ed estremamente utili per il mantenimento dello stato di salute (Tabella 2.3).

3. Altre sostanze associate alla fibra

I tessuti vegetali che contengono fibre, in realtà, contengono molte altre sostanze che possono essere di natura glucidica, come ad esempio le lectine, e non, come ad esempio i fitati (Tab. 3.1).

Tabella 3.1. Componenti glucidici e non che si accompagnano alle fibre nei vegetali

Glucidici	Non glucidici
Oligosaccaridi	Cutine
Amido modificato	Proteine
Saponine	Pigmenti
Lectine	Fitati
Alcali	Tannini
Chitine	Cere
Flavonoidi	Altri (carotenoidi, indoli, composti solforati, ecc.)
Additivi alimentari*	

*gomma arabica, alginati, agar, carragenina, carbossimetilcellulosa

Le lectine sono glicoproteine capaci di agglutinare i globuli rossi. La lectina si fissa a specifici carboidrati della membrana dell'enterocita formando aggregati che precipitano. I semi di piante appartenenti alla famiglia delle *Fabaceae* sono particolarmente ricchi di lectine.

Le saponine sono dei composti di natura glicosidica molto diffuse in natura nel regno vegetale. Molti legumi (soia), gli spinaci, gli asparagi, le arachidi, la birra ed altri alimenti e bevande contengono saponine. Hanno un effetto detergente e questo facilita la solubilità delle sostanze

Altre sostanze associate alla fibra

lipofiliche. Alcuni studi mostrano che l'incorporazione delle saponine nella membrana cellulare forma, con ogni probabilità, una struttura che rende la cellula più permeabile di quella di partenza. Questo comporta, nel lume intestinale, un rapido assorbimento di sostanze scarsamente assorbite in condizioni normali. L'effetto dirompente delle saponine sull'architettura della membrana cellulare potrebbe portare ad un ridotto assorbimento di nutrienti che diversamente verrebbero normalmente assorbiti (è questo il caso del glucosio). Le saponine hanno anche un effetto ipocolesterolemizzante, grazie alla loro somiglianza strutturale con il colesterolo.

La gomma arabica si ottiene dalla corteccia dei rami e del tronco di diverse specie di *Acacia* (Fam. *Leguminosae*). Le specie di *Acacia* commercialmente più importanti si trovano in Sudan e nell'Africa occidentale, anche se più di 500 specie sono diffuse in vaste zone dell'Africa, in Australia e nell'America centrale. La gomma arabica è costituita principalmente da un sale neutro, o debolmente acido, dell'acido arabico con il calcio, il magnesio ed il potassio. L'idrolisi totale della molecola libera i monosaccaridi costituenti: D-galattosio, L-arabinosio, L-ramnosio e l'acido D-glucuronico. La struttura del polisaccaride è molto complessa e non completamente chiarita; inoltre varia, oltre che con la specie di *Acacia* da cui proviene la gomma (*A. senegal* L. Willdenow), con la sua origine geografica e con il periodo di raccolta. La gomma arabica ha un ampio uso nell'industria alimentare in quanto previene la cristallizzazione degli zuccheri ed emulsiona i grassi favorendo la loro distribuzione in tutto il prodotto alimentare. È anche utilizzata come stabilizzante.

L'acido alginico è una miscela di acidi poliuronici ottenuta da alghe *Feoficeae*.

Fucus serratus e *F. vesiculosus* (*Fulaceae*), *Macrocystis pyrifera* (*Lessoniaceae*) e specie di *Laminaria* (*Laminariaceae*) sono le piante usate per la preparazione degli alginati.

L'acido alginico è un polimero insolubile in acqua. I sali di sodio e magnesio sono invece solubili e formano soluzioni viscose che, a bassa concentrazione, presentano un comportamento pseudoplastico. La viscosità della soluzione è stabile entro un largo intervallo di pH (4-10). L'acidità inferiore a 4 o l'aggiunta di ioni polivalenti (calcio) porta alla formazione di un gel elastico. Questa caratteristica è alla base dell'utilizzazione degli alginati nell'industria alimentare.

La carragenina si ottiene da varie specie di *Rodoficeae* delle famiglie delle *Gigartinaceae*, delle *Solieraceae*, delle *Hypneaceae*, e delle *Furcel-*

laceae, dopo trattamento con acqua calda e precipitazione con etanolo, metanolo, 2-propanolo o potassio cloruro.

La carragenina è costituita da una catena lineare di D-galattosio, legato con legami alternati 1-3, 1-4 e che presenta gruppi fosforici sul carbonio 2, 4 o 6. La capacità di formare gel e le proprietà dipendono dalla struttura del polisaccaride che, a sua volta, dipende dalla specie vegetale utilizzata. Trova ampia utilizzazione nell'industria alimentare come addensante.

La carbossimetilcellulosa è un etere carbossimetilico di cellulosa, nel quale alcuni dei gruppi idrossilici sono stati sostituiti da funzioni $COOH\text{-}CH_2$. La carbossimetilcellulosa è acida ed ha proprietà a scambio ionico che la rendono utile per separare proteine. Il sale sodico di questo derivato della cellulosa si usa come agente addensante nell'industria alimentare.

L'acido fitico (acido esafosforico dell'inositolo) sembra in grado di fissare diversi minerali (calcio, ferro, zinco, magnesio) e questo ha fatto supporre un ruolo negativo dei fitati sull'assorbimento e sull'utilizzo del calcio, del ferro e di altri minerali. I fitati sono diffusi soprattutto nei cereali (Tab. 3.2), ma vengono distrutti dal calore e dalla fermentazione (lievitazione del pane ad esempio). Sembra che posseggano proprietà antiossidanti ed antitumorali.

Tabella 3.2. Presenza di fitati nei cereali ed in altri alimenti

Cereale	% peso secco
Arachidi	1.9
Avena	0.8
Grano	0.9
Granturco	1.1
Fagioli di Lima	2.5
Orzo	1.0
Riso	0.9
Soia	1.4
Sesamo	5.4

Altre sostanze associate alla fibra

I tannini sono composti organici polifenolici, non azotati, di sapore fortemente amaro, dotati di proprietà astringente e tannante. Le sostanze tanniche provocano una diminuzione della permeabilità cellulare e complessano le proteine, riducendone la digeribilità. I tannini possiedono anche altre proprietà biologiche, alcune delle quali elencate nella Tabella 3.3

Tabella 3.3. Alcune proprietà biologiche dei tannini

Costringono i piccoli vasi
Inibiscono gli effetti mutageni di carcinogeni
Inibiscono la promozione di tumori
Inibiscono la perossidazione lipidica
Inibiscono la ciclo e la lipossigenasi
Si comportano da *free radical scavengers*
Possiedono attività antivirale

La chitina è un aminopolisaccaride ed il chitosano è il prodotto deacetilato della chitina. Queste sostanze si trovano nei funghi oltre che nell'esoscheletro degli artropodi (gamberi, aragoste). Sono sostanze indigeribili e possono ridurre l'assorbimento intestinale di grassi.

L'amido resistente è presente nei vegetali, ma si forma anche durante la preparazione degli alimenti. In genere rappresenta il 10% dell'amido consumato con il cibo.

Un particolare cenno meritano anche i flavonoidi (o bioflavonoidi), sostanze colorate la cui struttura chimica di base è rappresentata dal nucleo 2-fenil-benzo-γ-pirone (o flavano). I flavonoidi sono diffusi nella frutta (agrumi, mele, albicocche, ecc.), nei vegetali (cavoli, broccoli, spinaci, pomodori, ecc.) e nei cereali (mais, soia, miglio, ecc.) oltre che nei tuberi (patate), nei bulbi (cipolla) ed in alcune bevande come ad esempio the e vino.

Tabella 3.4. Attività biologiche dei flavonoidi

Antiallergica	Antivirale
Antiepatotossica	Gastroprotettiva
Antiinfettiva	Immunomodulante
Antiinfiammatoria	Ipocolesterolemizzante
Antiosteoporotica	Spasmolitica
Antitumorale	Sull'apparato endocrino

Negli ultimi anni c'è stato un interesse crescente per i flavonoidi, giustificato dalle più recenti acquisizioni in termini di efficacia antitumorale e dalla constatazione dell'enorme varietà di effetti biologici manifestati da questi composti (Tab. 3.4).

In conclusione, la fibra vegetale è un miscuglio di sostanze diverse, con funzioni diverse.

4. Fibra ed alimentazione

Fino a non molti anni fa la fibra veniva considerata poco utile, anzi dannosa, soprattutto per gli adolescenti e gli anziani. Per questo si diffusero negli anni '50 cibi raffinati come pane bianco, farina raffinata e zucchero bianco a discapito di pane integrale, farina grezza e zucchero di canna.

Lo stesso medico, in quegli anni, consigliava una dieta a basso contenuto di fibre ed un consumo non eccessivo di acqua, durante i pasti, per evitare gonfiori addominali e digestioni prolungate. Le fibre erano considerate causa di discinesie digestive ma anche di disturbi quali crampi addominali, flatulenza, diverticolosi.

In seguito, visto che diversi dati epidemiologici indicavano un effetto protettivo delle fibre sull'intestino, le diete ad alto contenuto di fibre sono diventate di moda e successivamente apprezzate per il loro valore "terapeutico".

Il fondamento teorico all'utilizzo della fibra alimentare è stato fornito da Cleave e successivamente da Burkitt e Trowell. Il merito di costoro è di aver ipotizzato che una dieta ricca di fibre vegetali svolga un'azione protettiva nei riguardi di malattie croniche, mentre una dieta povera di fibre vegetali espone a malattie degenerative e croniche (Tab. 4.1).

Oggi e chiaro che la dieta è un fattore importante nel determinismo di alcune malattie. Questo e la varietà degli effetti fisiologici della fibra vegetale, unitamente alla sua ampia diffusione in natura, rende interessante appurare la distribuzione della fibra ed il tipo, nella dieta alimentare (Tab. 4.2). Inoltre, il ruolo fisiologico che la fibra svolge nell'organismo può fornire una chiave interpretativa di alcuni dati epidemiologici a favore dell'effetto protettivo di diete ad elevato contenuto di fibre nei confronti dell'insorgenza di disturbi e/o patologie a carico del digerente e del cardiocircolatorio.

Tabella 4.1. Patologie e/o disturbi associati ad una dieta povera di fibre (< 13 g/die)

Tipo	Disturbi e patologie
Metaboliche	Obesità, diabete, calcoli epatici e renali
Cardiovascolari	Ischemia cardiaca, trombi venosi, ipertensione, vasculopatie periferiche
Gastrointestinali	Stipsi, appendicite, diverticolite, emorroidi, sindrome intestino irritabile, colite ulcerosa, malattia di Crohn, cancro al colon
Altro	Disturbi dermatologici, carie dentarie

Tabella 4.2. Tipi di fibra nei principali alimenti

Alimento	Fibra
Cereali	Cellulosa, emicellulosa, lignina
Frutta e verdura	Cellulosa, emicellulosa, lignina, pectina, cutina, cere
Endosperma di semi vegetali	Mucillagini

Le fibre sono dei componenti essenziali di numerosi alimenti. Particolarmente ricchi di fibre (8-15%) sono i cereali integrali quali frumento, riso, avena, mais, orzo, granturco ed i prodotti di uso comune che ne derivano (pane, pasta, dolci, pizza, biscotti, ecc.).

Altrettanto ricchi di fibre (5-10%) sono i legumi secchi (10%) e freschi (5%) quali fave, ceci, piselli, lenticchie, soia, lupini; tuttavia anche la frutta contiene una discreta quantità di fibre (8%). Questo è il caso di mandorle, arachidi, noci, nocciole, more, lamponi, ribes, fragole e mirtilli.

Le fibre sono rappresentate per il 3-5% anche nei vegetali a foglie larghe (radicchio, spinaci), nei germogli (cavoli, verza) ed in altri ortaggi quali patate, rape, carote, carciofi, melanzane, cardi.

Le quantità di fibre sono invece piuttosto modeste (1-3%) nella farina tipo 0, nel pane e nella pasta preparati con cereali raffinati; negli ortaggi tipo insalata, asparagi, zucchine, cipolle, pomodori, peperoni, cetrioli; nella frutta quale agrumi, cachi, albicocche, banane, pesche, mele, pere, uva, ananas.

Completamente privi di fibre sono invece il latte, lo yogurt, i formaggi, l'uovo, la carne, il burro, il lardo, lo strutto, la maionese e bibite quali birra, vino, superalcolici (Tab. 4.3).

Fibra ed alimentazione

Tabella 4.3. Quantità di fibra contenuta in alcuni alimenti

Alimento	Percentuale
Cereali integrali (frumento, riso, avena, mais, ecc.) e derivati (pane, pasta, ecc.)	8-15
Legumi:	5-10
secchi	10
freschi	5
Frutta (mandorle, noci, more, ecc.)	8
Verdura: vegetali a foglie larghe (spinaci, radicchio, ecc.) germogli (cavoli) altri ortaggi (patate, carote, carciofi, ecc.)	3-5
Farina tipo 0; ortaggi: lattuga, asparagi, zucchine; peperoni, ecc. frutta: agrumi, pesche, banane, ecc. Altri ortaggi: pomodori, funghi prataioli, ecc.	1-3
Latte e derivati, uova, carne, bibite (vino, birra)	0

Comunque la quantità di fibre assunta con la dieta è condizionata: dallo stato di maturazione della pianta e del frutto; dalle abitudini alimentari (una parte della fibra viene persa quando la frutta e gli ortaggi vengono sbucciati); dalle trasformazioni tecnologiche (fermentazione, trattamenti termici, sterilizzazione, ecc.); dalle modalità di preparazione dei cibi (calore, acidità, essiccamento, ecc.) e da ragioni socio-culturali ed economiche (l'assunzione di fibre con la dieta presenta una notevole variabilità da un paese all'altro) (Tab. 4.4).

Tabella 4.4. Consumo giornaliero di fibra alimentare nei diversi paesi

Cina	45-55 g
Giappone	40-50 g
Italia	20-30 g
Paesi Nord Europa	10-13 g
Stati Uniti	10-15 g

5. Fibra e malattie croniche

La fibra non è un nutriente essenziale indispensabile e pertanto non si hanno sintomi o disordini biochimici riconducibili ad una sindrome carenziale. Ciò nonostante, una alimentazione povera di fibre può influenzare lo stato di salute provocando alterazioni fisiologiche che possono portare a vere e proprie malattie (vedi Tab. 4.1).

Numerosi studi epidemiologici e sperimentali evidenziano l'utilità della fibra alimentare soprattutto nella stipsi. È stato anche riportato un effetto protettivo della fibra sul cancro al colon. Il fatto che una dieta ricca di fibre sia in grado di modulare il rischio di cancro al colon è nato da osservazioni compiute su di un campione di subpopolazioni, finlandese ed africana (ugandese). I finlandesi consumano del pane di segale integrale ad elevato contenuto di fibre e presentano uno dei più bassi tassi di incidenza di cancro al colon. Anche gli ugandesi consumano cereali ad alto contenuto di fibre e poi frutta e verdura in quantità superiori alla norma. Il risultato è che gli ugandesi presentano di rado malattie a carico del digerente (diverticolosi, stipsi, appendicite, sindrome del colon irritabile) o cancro al colon. Sia la fibra insolubile (presente nei cereali) che solubile (verdure) contribuiscono a ridurre il cancro del colon e questo perché: (i) la fibra insolubile, trattenendo acqua, rigonfia ed aumenta la massa fecale; ciò consente la diluizione di sostanze cancerogene nelle feci; (ii) la fibra solubile forma nel lume del colon una matrice gelatinosa che consente l'eliminazione con le feci degli acidi biliari e di altre tossine presenti nel lume intestinale; (iii) la fermentazione della fibra causa un abbassamento del pH nel lume del colon ed in queste condizioni gli acidi biliari risultano meno tossici. Comunque gli studi finora compiuti non consentono di stabilire la quantità di fibre da assumere per prevenire la maggior parte dei disturbi e delle malattie gastrointestinali appena citati. Le fibre risultano protettive anche nei confronti di altri tipi di cancro come quello della mammella e dello stomaco. Per quanto riguarda il cancro della mammella, si è visto che le fibre modulano i livelli di estrogeni nell'organismo. Questi ormoni vengono secreti nell'intestino dove sono legati dalle fibre ed eliminati con le feci. Se viene meno un'adeguata presenza di fibre nell'intestino, gli estrogeni possono essere riassorbiti e un alto livello ematico di estrogeni può aumentare il rischio di cancro alla mammella.

Comunque bisogna tener presente che gli alimenti di origine vegetale come frutta, verdura e cereali contengono, oltre alle fibre, sostanze che possono contribuire al mantenimento dello stato di salute dell'uomo. Si tratta di isoflavoni (soia), carotenoidi (verdure), composti solforati (aglio, farro), indoli (cavolo), lignani (lino), cioè di sostanze antiossidanti ed immunomodulanti, capaci inoltre di normalizzare i livelli di diversi ormoni e di ostacolare la tossicità di prodotti nocivi. Queste sostanze possono produrre effetti famacologici utili per la prevenzione di malattie croniche.

Un aspetto interessante è poi la possibilità di prevenire malattie cardiovascolari. È infatti noto che una dieta ricca di fibre (cereali) riduce i livelli ematici di colesterolo (la diminuzione dell'8% dei livelli di colesterolo determina la riduzione di circa il 20% di malattia coronarica) e trigliceridi, aumentando nel contempo i livelli di lipoproteine HDL, come anche la produzione di acidi biliari facilitandone la eliminazione con le feci; inoltre inibisce la biosintesi di colesterolo e facilita la conversione di questo in acidi biliari. In questo modo si riduce la possibilità che si formino placche aterogene con conseguenti disturbi circolatori. Gli oligosaccaridi, molto diffusi nei legumi, contribuiscono all'azione ipocolesterolemizzante della fibra, anzi per alcuni sono i principali responsabili di questo effetto.

Esistono infine studi epidemiologici che evidenziano uno sviluppo dell'obesità in presenza di uno scarso apporto di fibre (gomme, pectine) ed una correlazione negativa tra l'apporto di fibre e l'indice di massa corporea. Vi sono poi dati in letteratura che sostengono che il diabete mellito è una malattia correlata ad un apporto insufficiente di fibra vegetale. Il modo migliore e più conveniente per prevenire determinate malattie consiste nell'incoraggiare il consumo di una dieta ricca di fibre (frutta, cereali, vegetali).

6. Aspetti farmacologici della fibra

Le proprietà farmacologiche della fibra sono determinate dalle proprietà chimico-fisiche di questa: grado di solubilità e di viscosità, grandezza delle particelle, capacità di adsorbire, digeribilità e grado di fermentazione nel lume intestinale terminale (crasso). La fibra alimentare, ma anche le gomme (guar, karaya), lo psillio ed i fruttani possono influenzare (i) la motilità e l'assorbimento di fluido intestinale, (ii) il metabolismo di colesterolo e glucosio e (iii) l'integrità della mucosa intestinale.

6.1 La fibra e le funzioni dell'intestino

La motilità ed il transito intestinale possono essere influenzati dalla fibra la quale stimola meccanicamente la parete intestinale sia per un effetto *bulk forming* (la fibra assorbe acqua e la trattiene perché viscosa) che per un'azione di contatto (della fibra sulla mucosa intestinale).

La efficacia della fibra dipende anche dalla fermentazione (digeribilità) che subisce da parte della flora batterica residente. Dopo fermentazione batterica la fibra perde la proprietà di legare acqua e l'effetto *bulking*, che regola il transito intestinale, si riduce sensibilmente. Ciò spiega, anche se in parte, la relazione inversa tra la capacità di trattenere acqua ed il volume della massa fecale per gran parte delle fibre solubili, le quali hanno una elevata capacità di trattenere acqua, ma spesso sono facilmente degradabili. Non si deve però generalizzare, perché, ad esempio, la carbossimetilcellulosa presenta una elevata capacità di fissare acqua ma una bassa fermentabilità; il frumento grezzo trattiene debolmente acqua ed è anche debolmente fermentato; lo psillio influenza il

Aspetti farmacologici della fibra

volume delle feci combinando una moderata digeribilità con una media capacità di fissare acqua.

La fermentazione batterica porta anche alla formazione di acidi grassi a catena corta (AGCC) quali acetico, propionico, butirrico (in un rapporto molare di 60:25:15) e gas (idrogeno, anidride carbonica, metano). La energia che si libera da questi processi di degradazione consente la crescita della popolazione batterica e quindi della massa fecale. Gli AGCC contribuiscono all'effetto lassativo delle fibre fermentabili anche perchè trattenendo liquidi, per effetto osmotico, aumentano ulteriormente la massa fecale e quindi accelerano il transito nel colon. Comunque, secondo alcuni gli AGCC devono essere visti come agenti antidiarroici piuttosto che come agenti lassativi, visto che stimolano l'assorbimento di acqua e di sodio e la secrezione di bicarbonato e che vengono assorbiti per il 95% in una forma indissociata, indipendentemente dal pH luminale.

6.2 La fibra ed il metabolismo di colesterolo e glucosio

Diversi studi, sperimentali e clinici, mostrano che le fibre interferiscono con il metabolismo del glucosio e del colesterolo.

In particolare, i livelli ematici di colesterolo vengono ridotti del 10% da una regolare assunzione di fibre solubili [6-40 g di pectine, 100-150 g di cereali secchi, 10-30 g di psillio (cuticola) o guar] o insolubili [25-100 g di crusca d'avena, 20-40 g di psillio (seme)]. Si ha anche una riduzione di LDL (da -10 a -14%, in funzione della colesterolemia iniziale), raramente di HDL e di trigliceridi.

Questi effetti, anche se modesti, riducono, secondo alcuni, la formazione di lesioni ateromatose e prevengono malattie coronariche.

Diversi studi hanno anche mostrato che il consumo regolare di fibre, soprattutto quelle solubili (pectine), riduce l'assorbimento intestinale di glucosio. Questo comporta una riduzione dei livelli ematici di glucosio che, associato ad un ridotto apporto calorico del pasto ricco di fibre, limita i rischi di effetti collaterali nei diabetici.

Ovviamente il meccanismo d'azione delle fibre è più complesso e può essere di tipo diretto ed indiretto (Tab. 6.1). Gli effetti diretti della fibra consistono in un malassorbimento del glucosio ed in un appiattimento della curva glicemica postprandiale. Inoltre, l'aumentata viscosità del

Tabella 6.1. Fibre e metabolismo del glucosio: meccanismo d'azione

Meccanismo diretto
   Ridotto assorbimento di glucosio per
- incrementata viscosità del contenuto intestinale
- adattamento dello strato acquoso sulla superficie della mucosa
- incrementata resistenza al trasporto intestinale
- cambiamenti nell'attività degli enzimi digestivi

Meccanismo indiretto
- ridotto release dell'ormone insulinotropico (GIP: gastric inhibitory polypeptide)
- incrementata sensibilità all'insulina
- incrementato numero dei recettori per l'insulina
- effetti degli acidi grassi a catena corta
- cambiamenti morfologici della mucosa intestinale

contenuto gastrico ed intestinale, l'aumentato accesso della α-amilasi al substrato ed una interferenza con gli enzimi digestivi contribuiscono a ridurre il glucosio ematico. Gli effetti indiretti includono un ridotto *release* dell'ormone insulinotropico dovuto allo "*shift*" dell'assorbimento del glucosio nel tratto distale dell'intestino tenue.

Inoltre, gli AGCC possono migliorare la tolleranza al glucosio attraverso una stimolazione del *release* di insulina, ma non tutti sono concordi su questo, sia perché l'acetato è inattivo, sia anche perché alcune fibre viscose non fermentabili abbassano i livelli ematici di glucosio ed incrementano i livelli epatici di glicogeno, senza produrre quantità significative di AGCC. C'è poi da tener presente che una dieta ricca di fibra allunga il tenue e provoca modificazioni morfologiche (rapporto cripta-villo, lunghezza delle cripte) e ciò può alterare (ridurre) l'assorbimento di glucosio e di altri nutrienti.

6.3 La fibra e l'integrità della mucosa intestinale

Alcuni studi epidemiologi hanno dimostrato che quanto maggiore è il contenuto di fibre nella dieta (e minore quello di grassi), tanto minore è il rischio di cancro all'intestino. Chi assume poche fibre con gli alimenti ne può raddoppiare l'introduzione per ridurre il rischio di cancro del 40%. L'effetto protettivo sembra massimo per il colon sinistro e minimo per il retto; inoltre non si hanno differenze legate alla natura della fibra assunta. Anche se sono diversi gli effetti farmacologici suggeriti per spiegare quest'azione preventiva della fibra (Tab. 6.3), la loro importan-

Tabella 6.3. L'effetto della fibra sulla mucosa intestinale: possibili meccanismi

(i)   diminuita disponibilità di potenziali agenti cancerogeni;
(ii) diluizione di potenziali agenti cancerogeni per un incremento della massa fecale;
(iii) riduzione del tempo di transito;
(iv) modulazione degli enzimi che metabolizzano gli xenobiotici nell'intestino e nel fegato;
(v)   mutata attività metabolica della flora batterica residente nel colon;
(vi) produzione, per fermentazione, di acidi grassi a catena corta;
(vii) acidificazione del contenuto del colon;
(viii) ridotta presenza del gruppo ammonio nel lume del colon perché utilizzato come sorgente di azoto per la crescita batterica;
(ix) ridotta produzione di acidi biliari secondari in seguito al legame degli acidi biliari primari.

za non è ancora chiara. Ciò nonostante un ruolo chiave sembra svolgere l'attività metabolica della flora batterica residente nel colon. La beta-glicuronidasi è un enzima prodotto da diverse specie batteriche nel colon. Quest'enzima deconiuga molte sostanze endogene ed esogene che arrivano con la bile nel lume intestinale dando luogo alla formazione di sostanze molto tossiche. Alcuni studi hanno stabilito una relazione tra un aumento della beta-glicuronidasi e un aumento di incidenza di tumori a carico del colon-retto. È stato anche osservato che inibitori della beta-glicuronidasi riducono il rischio di cancro del colon-retto.

Fibre come lo psillio, ma non la crusca di frumento, sono in grado di sopprimere l'attività dell'enzima beta-glicuronidasi, proteggendo la mucosa del colon nei confronti dell'esposizione a sostanze tossiche.

Le fibre possono anche influenzare l'attività di enzimi che metabolizzano i farmaci nel lume intestinale e nel fegato. Vegetali come i cavoletti di Bruxelles, ad esempio, interferiscono con il metabolismo epatico ed intestinale di xenobiotici inducendo certe monoossigenasi microsomiali e l'attività del glutatione-S-transferasi.

Le fibre fermentando nel lume intestinale producono poi AGCC che sono coinvolti nella regolazione della crescita e della differenziazione delle cellule epiteliali della mucosa intestinale. In particolare, il butirrato stimola vigorosamente la differenziazione cellulare (evitando una proliferazione cellulare maligna), facilita la capacità riparativa del DNA, inibisce la produzione di alcune citochine e l'attivazione del fattore di trascrizione NFkB, inibisce la crescita di tumori ed è una importante fonte di energia per le cellule dell'epitelio del colon, perché, contrariamente all'acetato ed al propionato, viene da loro metabolizzato. È stato tra l'altro osservato che la produzione di butirrato è significativamente ridotta in pazienti con polipi adenomatosi e cancro del colon, rispetto ai pazienti di controllo. Inoltre, l'assenza di AGCC, ed in particolare di butirrato, nel lume intestinale, sembra correlata ad una forma di colite (*diversion colitis*). L'acidificazione del contenuto del colon da parte degli AGCC è un altro aspetto importante nella prevenzione del cancro intestinale da parte delle fibre. I pazienti con cancro all'intestino spesso presentano un pH luminale più alto del normale.

Alla luce di queste considerazioni si è cercato di trattare pazienti affetti da colite ulcerosa con clisteri di AGCC, o di solo butirrato. I risultati non sono stati però soddisfacenti, vuoi per la difficoltà di mantenere nel lume del colon una quantità sufficiente di AGCC (o di butirrato), vuoi anche perché alcuni pazienti con un tipo particolarmente refrattario di colite distale possono dare risultati negativi.

È noto poi che il gruppo ammonio, che si forma nel colon per degradazione batterica di sostanze azotate, ha effetti tossici sulla mucosa del colonretto (per alcuni è un promotore di tumori). Comunque, ad un pH luminale basso, l'ammoniaca viene difficilmente assorbita. Inoltre, la fermentazione delle fibre produce energia che consente la crescita batterica: ciò comporta la sintesi di proteine che avviene a spese dell'ammoniaca presente nel lume del colon, che pertanto non viene più assorbita.

Prima di concludere è importante tener presente che l'azione (antitumorale) preventiva della fibra è più credibile se si prendono in considerazione tutti i fattori nutrizionali (lignani, composti sulfurei, isoflavoni, composti fenolici, antocianine, ecc.) e non soltanto la fibra. Inoltre la dieta deve essere ricca di fibre, ma priva di fattori che promuovono il cancro (lipidi).

7.0 Fibra e costipazione

Milioni di persone soffrono di stipsi. A questi bisogna aggiungere tutti coloro, e non sono pochi, che non avendo chiaro il concetto di stipsi, non sanno di soffrire di stitichezza.

In Italia ogni anno il 2% circa della popolazione ha problemi di stitichezza e chiede consigli al medico e/o al farmacista con la speranza di normalizzare l'alvo intestinale. Questo valore raggiunge il 4% circa negli adulti e le donne rispetto agli uomini sono il doppio, con una maggiore predisposizione per quelle di colore.

Questi dati statistici sono ovviamente sottostimati se si considera che la maggior parte dei farmaci che promuovono e/o facilitano la defecazione (lassativi) sono autoprescritti in quanto farmaci da banco (OTC) o senza obbligo di prescrizione (SOP o SP).

La stipsi più che una malattia è un disturbo che viene provocato da alcune patologie, dall'uso di determinati farmaci e soprattutto dalle nuove, e spesso frenetiche, modalità di vita (assenza di fibre nella dieta, mancato apporto idrico, scarsa attività fisica, posporre l'atto della defecazione senza rispettare le esigenze dell'intestino). Se insorge improvvisamente ed è severa è opportuno considerare malattie sistemiche o locali e terapie farmacologiche in corso prima ancora di trattare i sintomi. Se è cronica può essere la conseguenza di una stasi che può interessare un segmento del crasso o il tratto terminale del colon (colon-retto). Esistono, poi, pazienti (circa il 40%) con transito intestinale normale nei quali la stipsi è causata da una dieta sostanzialmente povera di fibre. Ciononostante l'impiego dei lassativi rimane massiccio ed approssimativo, sia nella pratica ambulatoriale che in ambiente ospedaliero e per due ragioni: non è cambiata l'abitudine di risolvere "subito" il problema della stipsi e non è migliorata l'educazione sanitaria del paziente che, con la prescrizione o autoprescrizione del lassativo, pensa di poter proseguire, senza fastidi, nelle sue errate abitudini dietetiche.

Nel trattamento della stipsi gli obiettivi da tener presente sono: (i) evitare che il paziente faccia un abuso di lassativi; (ii) aiutare il paziente a normalizzare le funzioni intestinali; (iii) evitare che il paziente vada incontro a complicazioni.

I progressi tecnologici hanno incrementato l'uso di cibi raffinati, riducendo, di conseguenza, il consumo di fibre alimentari. L'insorgenza di certi disturbi, in primo luogo la stipsi, in paesi nei quali si è maggiormente registrato questo cambiamento dietetico, ha portato ad una aumentata consapevolezza della funzione della fibra alimentare nella cura della stipsi e nella prevenzione di alcune complicanze quali emorroidi e ragadi anali.

7.1. Le funzioni dell'intestino

La quantità di liquido che transita nel tubo digerente è di circa 9 litri: di questi l'1% (150 ml) si ritrova nelle feci, mentre il 99% viene assorbito a livello intestinale (il 61% dal duodeno e digiuno, il 23% dall'ileo ed il 15% dal colon). Di questa enorme quantità di liquido solo una parte (2000 ml) viene ingerita durante la giornata, mentre la maggior parte (7000 ml) viene secreta lungo il tratto digerente (saliva 1500 ml; succo gastrico 2500 ml; bile 500 ml; liquido pancreatico 1500 ml; liquido intestinale 1000 ml) e serve a lubrificare il lume intestinale, a facilitare l'avanzamento del contenuto intestinale, a mantenere la flora batterica a dei livelli fisiologici ed a rimuovere i detriti alimentari residui dal lume intestinale.

La secrezione e l'assorbimento di liquido (e di elettroliti) avviene in due tipi differenti di cellule epiteliali: le cellule che rivestono i villi, deputate all'assorbimento e quelle che rivestono le cripte, deputate alla secrezione. In condizioni normali l'assorbimento prevale, anche se di poco, sulla secrezione. Questo delicato equilibrio può essere però alterato da disturbi metabolici, da agenti patogeni, da reazioni indesiderate da farmaci e da pessime abitudini alimentari che contribuiscono così a provocare stipsi (eccessivo assorbimento) o diarrea (ridotto assorbimento ed eccessiva secrezione di liquidi).

L'avanzamento del contenuto intestinale viene anche condizionato dall'attività motoria dell'intestino. La muscolatura liscia intestinale, contraendosi, promuove dei movimenti pendolari, che determinano il mescolamento del contenuto intestinale, e dei movimenti peristaltici, che spingono il contenuto intestinale in senso aborale. La motilità intestinale è controllata da meccanismi miogenici, ormonali e nervosi. Esiste anche un'unità funzionale indipendente (il plesso di Auerbach e quello di Meissner) che funziona anche quando la regolazione neuronale è abolita.

In genere la massa fecale raggiunge il retto solo quando sta per iniziare la defecazione. Il riempimento del retto e la sua distensione, in seguito alla spinta che i movimenti del colon esercitano sulle feci, provocano una serie di riflessi che causano in successione: rilasciamento degli sfinteri anali interni, contatto delle feci con la mucosa del canale anale, rilasciamento dello sfintere anale interno e quindi defecazione. Questa risposta riflessa scompare in 2 minuti se non viene esaudita.

7.2. La stipsi e le cause che la determinano

È noto che molti individui completamente sani evacuano dopo ogni pasto, molti altri una volta ogni 24 ore ed altri ancora solo una volta ogni settimana, senza manifestare i sintomi della stipsi (Tab. 7.1). È quindi errata la convinzione che la stipsi consiste solo in un ritardo nella evacuazione del contenuto intestinale. Il concetto di stipsi deve essere legato anche al volume delle feci, alla loro eccessiva compattezza ed alla loro emissione con sforzo. Si ha quindi stipsi quando le feci sono dure, emesse di rado e con sforzo, senza la sensazione di soddisfazione liberatoria.

Tabella 7.1. Sintomi della stipsi

Dolori addominali (con senso di gonfiore)
Alitosi
Lingua impaniata
Cefalea
Agitazione
Depressione psichica
Anoressia
Meteorismo
Dispnee
Masse fecali palpabili (fecalomi)

Si ha stipsi anche quando piccole "pellets" di feci secche vengono espulse quotidianamente. Pertanto è molto più corretto definire la stipsi come l'emissione ritardata di feci in volume insufficiente e/o di aumentata consistenza.

La stipsi può dipendere da cause organiche sistemiche che possono essere endocrine (ipotiroidismo, diabete, ecc.), metaboliche (disidratazione, porfiria, ecc.), neurologiche (morbo di Parkinson, sclerodermia, ecc.) e psichiche (depressione, anoressia, psicosi croniche) (Tab. 7.2). Può inoltre dipendere da cause locali, in seguito ad ostruzioni intraluminali (tumori, stenosi, endometriosi) ed extraluminali (tumori, ernie, prolasso rettale) o per alterazioni muscolari (malattia diverticolare, distrofia miotonica, ecc.), oppure processi flogistici a carico della mucosa intestinale (proctosigmoidite). Stipsi si può anche avere per un difetto nella espulsione delle feci: diminuita pressione addominale per eccessiva magrezza, lesioni anali (ragadi, ascessi, emorroidi, prolasso mucoso, stenosi), alterazioni della sensibilità anorettale con interruzione del "circuito fisiologico" della defecazione o per una alterazione (rarefazione) della flora batterica e conseguente dilatazione del colon. Sicchè, pur arrivando normalmente le feci nell'ultimo tratto dell'intestino, non si ha lo stimolo alla defecazione.

In questi casi, l'uso dei lassativi non solo risulta inutile, ma addirittura dannoso, in quanto può ritardare la diagnosi della malattia di base.

La stipsi può anche dipendere dall'assunzione di farmaci come la morfina, di cui è nota l'azione astringente. Causano stipsi anche alcuni anticolinergici, ansiolitici, antidepressivi, antiparkinsoniani ed antistaminici. Possono favorire la stipsi, con meccanismi differenti, anche gli antiflogistici, gli ipolipemizzanti, gli antineoplastici ed altre categorie di farmaci elencati nella Tabella 7.3. Causano infine stipsi il solfato di bario ed i metalli pesanti. In questi casi basta sospendere il trattamento in corso perché la stipsi scompaia.

Ma, a parte i casi di stipsi secondaria e di stipsi iatrogena (da farmaci), per i lassativi il vasto campo di applicazione è rappresentato, purtroppo erroneamente, dalla stipsi funzionale. Questa è il risultato della interazione di disturbi della motilità intestinale ed errate abitudini dietetiche, oltre che di una ridotta attività fisica. Un'alimentazione povera di fibre e di apporto idrico porta inevitabilmente ad una maggiore consistenza e durezza delle feci, tale da ritardare il transito e renderne difficile l'espulsione. La sedentarietà (specie negli anziani e negli obesi) poi e, nelle donne, la lassità dei muscoli addominali e del pavimento pelvi-

Fibra e costipazione

Tabella 7.2. Cause organiche di stipsi

A. Sistemiche
    Endocrine   Ipotiroidismo
                                                   Ipercalcemia
                                                   Diabete

    Metaboliche   Disidratazione
                                                   Cachessia
                                                   Porfiria acuta intermittente

    Neurologiche   Malattia di Hirschsprung
                                                   Malattia di Chagas
                                                   Ganglioneuromatosi
                                                   Neuropatia paraneoplastica
                                                   Resezione dei nervi erigenti
                                                   Tumore della cauda equina
                                                   Meningocele
                                                   Paraplegia
                                                   Tabe dorsale
                                                   Sclerodermia
                                                   Morbo di Parkinson

    Psichiche   Depressione
                                                   Psicosi croniche
                                                   Anoressia nervosa

B. Locali
    Ostruttive extraluminali   Tumori
                                                   Volvolo cronico
                                                   Ernie
                                                   Prolasso rettale

    Ostruttive luminali   Tumori
                                                   Stenosi infiammatorie
                                                   Stenosi su base ischemica
                                                   Endometriosi

    Muscolari   Malattia diverticolare
                                                   Distrofia miotonica
                                                   Sclerodermia
                                                   Dermatomiosite

    Lesioni infiammatorie della mucosa   Proctosigmoidite

    Lesioni anali   Stenosi
                                                   Ragadi
                                                   Ascessi
                                                   Emorroidi
                                                   Prolasso mucoso

Tabella 7.3. Farmaci che causano stipsi

Classe terapeutica	Esempio di farmaco
Analgesici	Indometacina
Analgesici stupefacenti	Morfina (oppiacei)
Anestetici generali	Anestetici volatili
Anoressici	Amfetamina
Ansiolitici	Benzodiazepine
Antiacidi	Idrossido di Al
Antiaritmici	Verapamile
Anticolinergici	Atropina
Antidepressivi	Triciclici, MAO inibitori
Antidiarroici	Loperamide
Antineoplastici	Derivati della vinca, dacarbazina
Antiparkinsoniani	Anticolinergici
Antipertensivi	Clonidina, metildopa, prazosina
Antipsicotici	Fenotiazine, butirrofenoni
Antispastici	Papaverina
Anti-H1	Pirilamina
Diuretici	Tiazidici, risparmiatori di K (amiloride)
Ganglioplegici	Trimetafano
Ipolipemizzanti	Colestiramina, colestipolo
Lassativi	Antrachinoni, derivati del difenil metano

co, in conseguenza della gravidanza, riducono gli stimoli alla defecazione e compromettono l'efficienza del torchio addominale. La defecazione inoltre, nella tumultuosa vita d'oggi, viene sovente posposta e ciò comporta un'aumentata distensibilità del canale rettale ad opera del materiale fecale, prima che venga raggiunta la soglia dello stimolo alla defecazione. Questa forma di stipsi funzionale, denominata anche dischezia rettale, inizia dall'infanzia, progredisce fino all'età avanzata, giungendo a quadri drammatici talora di atonia intestinale, prodotta anche dall'abuso di lassativi, incongruamente impiegati da anni.

Un trattamento razionale della stipsi funzionale è quello riportato in modo schematico nella Tabella 7.4. Come si osserva il primo obiettivo da realizzare è l'educazione del paziente, cioè è indispensabile tranquilliz-

Tabella 7.4. Trattamento non farmacologico della stipsi funzionale

Educazione del paziente

Aumentata introduzione di liquidi durante le 24 ore

Assunzione giornaliera di fibre alimentari

zare il soggetto sulla innocuità del suo disturbo, e sulla possibilità di superarlo attuando una paziente rieducazione dell'alvo. È poi necessario illuminare il paziente sulla opportunità di seguire un determinato orario per l'evacuazione dell'alvo. Infine è necessario segnalare il vantaggio di una ginnastica medica (o di semplici passeggiate di 20-40 minuti) che rinforza la contrazione dei muscoli addominali. Il secondo obiettivo consiste nell'aumentare l'introduzione dei liquidi. Ma l'obiettivo più importante è rappresentato dalla dieta: questa deve essere piuttosto varia e soprattutto ricca di fibre.

Vi è poi un tipo di stipsi spastica, in cui il rallentamento della colonna di feci è in rapporto con spasmi della muscolatura liscia circolare del colon. Talora essa si associa con un quadro di pseudodiarrea, sostenuto da ipersecrezione mucosa del sigma, per cui si ha emissione ritardata di feci liquide perché stemperate da muco. Nei soggetti con stipsi spastica è presente una sintomatologia dolorosa addominale, alleviata dalla defecazione.

In questi casi la psicoterapia d'appoggio, l'uso di antispastici e/o tranquillanti ed una dieta non troppo ricca di fibre attenua i disturbi accusati.

Comunque, nella maggior parte dei casi la stipsi primaria insorge per un ridotto apporto di fibre alimentari. La convinzione nasce da una doppia constatazione: (i) la costipazione è rara nelle popolazioni che fanno uso di fibra vegetale; (ii) molti costipati trovano efficace una dieta ricca di fibra alimentare. Comunque, alcuni studi mostrano che i soggetti costipati non necessariamente consumano pasti poveri di fibre vegetali; anzi, molti di questi, consumano una quantità enorme di fibre vegetali, ma risultano costipati. Ciò suggerisce che la costipazione è, in alcuni casi, il risultato di un disordine della motilità del colon che la fibra, da sola, non riesce a normalizzare. In questi casi si rende necessario associare ad un pasto ricco di fibre un integratore a base di fruttani (Puntuale Fibre®), oppure un blando lassativo [psillio da solo o in associazione (Agiolax®)] oppure un lassativo più energico [cascara, senna, bisacodile (Discinil®, Dulcolax®, Guttalax®, Pursennid®, ecc.)].

Altri studi, hanno poi dimostrato che i disturbi motori responsabili della costipazione sono enormemente influenzati dalla personalità e dallo stato psichico dell'individuo.

7.3. La stipsi e l'effetto lassativo della fibra alimentare

La fibra alimentare è un lassativo naturale. Quando questa è presente nella dieta di un soggetto normale si osserva che le feci aumentano di volume e sono più soffici, il transito intestinale risulta accelerato e la defecazione più frequente.

Il meccanismo dell'azione lassativa della fibra non è del tutto chiaro. L'ipotesi più convincente è che la fibra (in particolare quella insolubile) resiste alla degradazione batterica e contribuisce alla formazione della massa fecale sia adsorbendo e trattenendo acqua, che incrementando la massa batterica nel lume del colon. La incrementata massa fecale può successivamente stimolare la propulsione del colon (Fig. 7.1). Alcuni

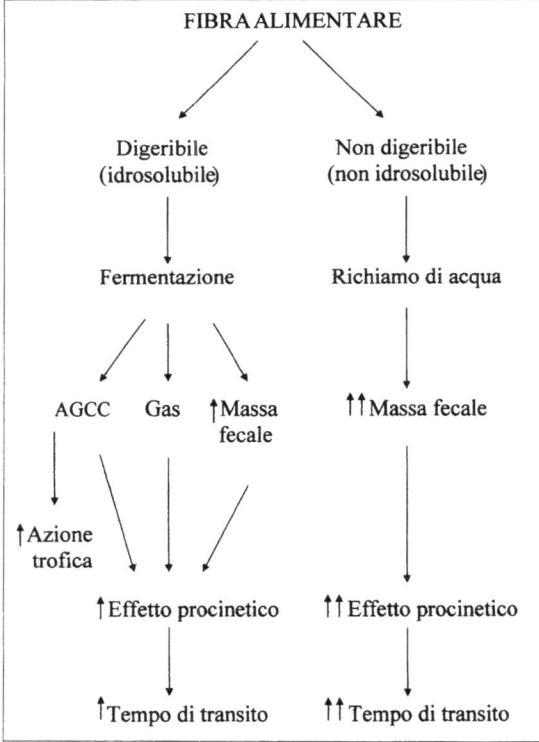

Fig. 7.1. Fibre alimentari, massa fecale e tempo di transito: ↑ effetto modesto; ↑↑ effetto pronunciato

Tabella 7.5. Tipo di alimentazione e comportamento dell'intestino

Variabili	Popolazione	
	europea	africana
Assunzione di fibra alimentare	10-40 g/die	50-150 g/die
Peso della massa fecale	80-160 g/die	400-470 g/die
Tempo di transito	60-90 min	30 min
Stipsi (%)	2-5	Raramente

studi hanno dimostrato una relazione inversa tra massa fecale e tempo di transito ed entrambe le variabili risultano direttamente influenzate dalla quantità di fibra presente nella dieta. La popolazione africana, ad esempio, consuma, rispetto a quella europea, una dieta ricca di fibre con il risultato che la massa fecale è più grande, ma ciononostante, passa più velocemente nel lume intestinale (Tab. 7.5). D'altra parte, se a dei volontari normali si danno delle sfere di plastica di diametro diverso, si osserva che le prime ad essere espulse sono quelle di diametro più grande. Questo indica una stretta relazione tra queste due variabili. Studi più recenti suggeriscono però il contrario e cioè che le due variabili, massa fecale e tempo di transito, sono indipendenti. Infatti la somministrazione a dei volontari di alcuni polisaccaridi può incrementare la massa fecale senza influenzare il tempo di transito, mentre altri polisaccaridi possono accelerare il transito senza modificare il volume della massa fecale. Osservazioni più accurate mostrano poi che i polisaccaridi che subiscono una fermentazione nel colon sono quelli che accelerano il transito. La fermentazione di carboidrati complessi genera AGCC e libera gas (idrogeno, metano, anidride carbonica, ecc.). È improbabile che la produzione di acido acetico, propionico e butirrico sia responsabile di questo effetto (accelerazione del transito), in quanto l'introduzione di questi acidi nel lume del colon (per infusione) inibisce la propulsione del colon. Anzi, questi acidi, rapidamente assorbiti nel lume del colon, stimolano l'assorbimento di acqua e di elettroliti e possono addirittura sopprimere la motilità del colon. L'acido lattico, invece, scarsamente assorbito in presenza di un pH basso, può agire da lassativo osmotico. Così pure i gas che si formano nel lume del colon stimolano la propulsione intestinale, accelerando così il transito intestinale.

L'azione lassativa della fibra alimentare può anche essere dovuta, in parte, alla presenza nel lume del colon di acidi biliari e di grassi. È infatti noto che diverse fibre (polisaccaridi non amidacei) interagiscono con i processi digestivi in quanto formano, nell'intestino tenue, delle soluzioni viscose che impediscono le interazioni tra gli enzimi digestivi ed il substrato alimentare e tra i prodotti della digestione e l'epitelio deputato al loro assorbimento. Pertanto, la presenza di queste fibre nella dieta, incrementerà la presenza di macronutrienti nel lume del colon, in particolare gli acidi biliari ed i grassi. Queste sostanze, una volta raggiunto il lume del colon, possono essere degradate dai batteri residenti in prodotti ad azione lassativa, in grado cioè di stimolare la secrezione e la motilità propulsiva del colon. Piccole quantità di acidi biliari incrementano anche la sensibilità del retto, abbassandone la soglia di distensione necessaria per causare il desiderio di defecazione.

L'effetto lassativo della fibra alimentare è anche il risultato di una interazione dei componenti la fibra con le terminazioni dei nervi sensori presenti nella parete del colon: i riflessi locali che si attivano stimolano la secrezione e la peristalsi del colon.

7.4. Quando ricorrere alla fibra alimentare

Se si considera il tipo di stipsi, è chiaro che la fibra alimentare risulta efficace nella stipsi funzionale, ma anche nella dischezia rettale. Risulta comunque utile anche nella stipsi secondaria ed in quella iatrogena, anche se, come già sottolineato, risulta determinante rimuovere la causa o sospendere la terapia farmacologica, là dove è possibile. È invece consigliabile l'assunzione di quantità limitate di fibra nei casi di stipsi spastica, in quanto questa può accentuare la sintomatologia dolorosa senza normalizzare la motilità intestinale.

Indipendentemente dalle cause, la stipsi può essere acuta o cronica, se persiste per un periodo superiore ai 3 mesi. La prima è il più delle volte una stipsi "semplice", che interviene per un improvviso, ma transitorio, cambiamento delle abitudini alimentari: durante un viaggio, in seguito all'assunzione temporanea di un farmaco, per un breve periodo di malattia che obbliga a letto o al ricovero in ospedale. In queste situazioni, il cambiamento di ambiente e di dieta e la ridotta attività fisica, provocano una rarefazione della defecazione e quindi stipsi. In genere la stipsi acuta regredisce con la normalizzazione delle condizioni che l'hanno determinata, tanto più facilmente quanto più il pasto è ricco di fibre. In questi casi un aiuto può anche essere offerto dall'uso contemporaneo di FOS o di un blando lassativo (lattulosio, psillio, cascara).

Al contrario, la stipsi cronica richiede un serio impegno da parte del medico, sia per inquadrare il disturbo nel modo più corretto, sia per la selezione di opportuni rimedi di tipo dietetico e di tipo terapeutico. La stipsi cronica è riscontrabile con una certa frequenza nel bambino, nell'anziano, nelle donne in gravidanza e dopo isterectomia.

Nel bambino la stipsi è dovuta alla distensione dell'ampolla rettale, in seguito all'accumulo di feci, o alla dilatazione congenita di questa parte terminale dell'intestino. Di conseguenza si riduce sensibilmente il riflesso spontaneo dell'evacuazione e diviene difficile svuotare il retto del suo contenuto. L'impiego di clisteri ammorbidenti (oleosi), l'uso di blandi lassativi (lattulosio mannitolo, FOS) ed il ricorso ad una dieta ricca di fibre alimentari (10-15 g/die), può ripristinare il riflesso retto-anale e ridurre la distensione del serbatoio rettale. La fibra alimentare, oltre a favorire l'evacuazione dell'alvo, consente di evitare il ricorso giornaliero al lassativo, limitandone l'uso a due-tre somministrazioni settimanali.

Nell'anziano la stipsi può complicarsi per la formazione di fecalomi, masse fecali dure che non completamente eliminate, ostacolano il transito del contenuto intestinale. I fecalomi si formano nel colon e soprattutto nel retto, specie nei pazienti anziani obbligati a letto per periodi di tempo prolungati o sottoposti a terapie farmacologiche prolungate nel tempo. La loro eliminazione, mediante rammollimento (clisteri oleosi) del materiale fecale, è essenziale per lo svuotamento dell'alvo. Successivamente si rende indispensabile una dieta arricchita di fibre vegetali (non superiori a 15g/die). Sia l'effetto osmotico che procinetico della fibra possono migliorare la motilità intestinale e normalizzare il transito. In caso di parziale risposta, può essere utile il ricorso settimanale o bisettimanale ad una fibra purificata (FOS), da sola o in associazione (psillio), oppure un lassativo (senna, bisacolide, ecc.).

Il 40% circa delle donne è soggetto alla stipsi in qualche fase della gravidanza (in particolare dal terzo trimestre in poi) o in seguito al parto. Le cause sono meccaniche (l'utero, ingrossandosi, comprime sempre di più l'intestino, ostacolando il passaggio delle feci), ormonali (un aumento di aldosterone circolante nell'ultimo trimestre facilita l'assorbimento di liquidi e di elettroliti con conseguente rallentamento del transito intestinale), alimentari (l'alimentazione, e quindi l'apporto di fibre, viene ridotta per contenere l'accrescimento ponderale) e farmacologiche (alcuni farmaci assunti in gravidanza, come antiacidi, analgesici e ferro, possono causare stipsi). In queste circostanze ripristinare con la dieta il giusto apporto di fibre (20-30g/die) può essere molto utile. I lassativi (cascara, senna, bisacodile) sono necessari solo quando le misure dietetiche falliscono e c'è il rischio che insorga una stipsi ostinata. Una dieta ricca di fibre è comunque indispensabile, anche perché gli effetti della fibra e del lassativo sono additivi.

La stipsi, purtroppo, è presente anche nel 40% di donne sottoposte ad isterectomia. Le cause sono di natura emotiva, psicologica, ma anche conseguenti alla procedura chirurgica. La rimozione dell'utero e della struttura di supporto può infatti essere causa di un prolasso rettale e quindi di una evacuazione difficoltosa. Anche in questo caso clisteri emollienti ed il ricorso a diete ricche di fibre alimentari (25-50 g/die) possono essere di qualche beneficio.

Da un punto di vista pratico, l'aumento del consumo di fibre alimentari deve essere razionalizzato sia per quanto riguarda le modalità di assunzione, sia per quanto riguarda il tipo e la quantità di fibra da assumere. È da tener presente che le fibre presenti nei diversi alimenti agiscono meglio se conservano la loro integrità naturale. Inoltre la quantità di fibra assunta con la dieta è solo in parte condizionata dallo stato di maturazione del vegetale; infatti questa può essere ridimensionata dalle abitudini alimentari, dalle modalità di preparazione dei cibi ed infine dalle manipolazioni che hanno luogo durante i processi di conservazione, inscatolamento e sterilizzazione.

Il tipo di alimento è altrettanto importante ai fini di una migliore risposta della fibra alimentare. I cereali integrali e ricchi di acqua, ad esempio, sono da preferire a quelli raffinati e allo stato secco. La crusca di frumento* è da preferire agli altri tipi di crusca perché più ricca di fibre (Tab. 7.6) e perché contiene più componenti insolubili che assorbono maggiormente acqua e la trattengono dando una massa fecale di dimensioni maggiori (anche del 127%). La crusca è sicura, poco costosa ed efficace nella stipsi. Utilizzata in quantità sufficienti (circa 20 g) ammorbidisce le feci, previene i fecalomi e la difficoltà alla defecazione ed accelera il transito intestinale. L'effetto *bulking* della crusca può nor-

---

*La crusca è il residuo della macinatura del frumento (*Triticum aestivum*); rappresenta l'involucro esterno del cereale e si presenta, una volta allontanata la farina, sotto forma di scagliette più o meno larghe e ben distinte. Può anche ricavarsi dall'avena (*Avena sativa*), dall'orzo (*Hordeum vulgare*) o dal riso (*Oryza sativa*)

Tabella 7.6. Tipi di crusca e % di fibra alimentare

Tipo	Percento fibra
Frumento	40-50%
Avena	15-20%
Orzo	5%
Riso	20-30%

malizzare il transito intestinale e ridurre o abolire la stipsi nel giro di 48-72 ore. La crusca deve sempre essere accompagnata da una adeguata assunzione di liquidi (circa 2 litri). Nei casi di intolleranza alla crusca si può ricorrere a fibre del tipo fruttani, psillo o glucomannano. È chiaro che la semplice aggiunta di integratori ai cibi raffinati non è equiparabile ad una dieta ricca di frutta, verdura e cereali, anche se risulta utile al paziente che soffre di stipsi. La quantità di fibra da assumere nei casi di stipsi è riportata nella Tabella 7.7.

Tabella 7.7. Quantità di fibra consigliata (g/die)

Adolescente	5-15
Adulto	25-50
Anziano	10-15
In gravidanza	20-30
Dopo isterectomia	25-50

8. Fibra e colesterolo

Il colesterolo è, tra i lipidi ematici (gli altri sono i trigliceridi, i fosfolipidi, gli acidi grassi liberi), il maggiore fattore che predispone alle malattie cardiache. Un aumento di colesterolo ematico si può avere per cause genetiche; più frequente è, però, l'ipercolesterolemia causata da errate abitudini dietetiche (un elevato contenuto nella dieta di lipidi, glicidi e perfino di proteine), da farmaci (contraccettivi orali, ecc.), da malattie (diabete, ipotiroidismo, epatopatie ostruttive, sindrome nefrotica), alcoolismo, ecc.

È ovvio che un trattamento eziologico è da solo sufficiente a correggere l'ipercolesterolemia. Comunque, è la dieta il trattamento iniziale dell'ipercolesterolemia: sostituzione progressiva delle proteine animali con proteine vegetali, eliminazione di cibi fritti con grassi animali, riduzione dell'apporto di grassi saturi, integrazione della dieta con alimenti ricchi di fibre (frutta, verdura, legumi, ecc.) e mucillagini (psillio, gomma guar). Anche l'aggiunta di lecitina (di soia) alla dieta facilita la riduzione della ipercolesterolemia (2 - 4 cucchiaini di caffè al giorno).

L'effetto ipocolesterolemizzante della fibra è stato dimostrato per la prima volta da Ershoff nel 1961. Studi successivi, condotti dallo stesso Autore sui ratti hanno evidenziato che le pectine presenti nelle mele e nelle specie di *Citrus*, al contrario dell'acido pectico, riducono il colesterolo plasmatico ed epatico. Questi ed altri risultati, riportati nella Tabella 8.1, indicano che non tutte le fibre esercitano gli stessi effetti sul metabolismo del colesterolo: la gomma guar è ad esempio la più attiva come ipocolesterolemizzante mentre la cellulosa e l'agar risultano inattive. I dati della letteratura indicano anche che (i) le fibre solubili riducono i livelli di colesterolo totale e di LDL; (ii) i vegetariani mostrano, rispetto ai vegetariani "parziali" ed agli onnivori, i più bassi livelli di colesterolo.

Tabella 8.1. Influenza delle fibre alimentari sul colesterolo plasmatico

Fibra	Colesterolo (mg/dl)
Controllo (C)	90±3
C + 1% colesterolo (Co)	135±15
Co + pectine (mela)	106±5
Co + pectine (*Citrus*)	108±5
Co + gomma guar	100±3
Co + gomma karaya	107±4
Co + agar	125±10
Co + cellulosa	128±9
Co + psillio	106±5

Con quale meccanismo le fibre abbassano i livelli di colesterolo? Studi sperimentali dimostrano che quando i ratti passano da una dieta ricca di fibra ad una povera, l'escrezione di steroidi risulta ridotta ed il turnover degli acidi biliari incrementato. Esperimenti condotti sui conigli hanno evidenziato poi che una dieta ricca di fibre consente una maggiore escrezione di colesterolo endogeno ed esogeno; gli stessi animali espellono anche una maggiore massa fecale. La dimostrazione che le fibre possono legare gli acidi o i sali biliari in *vitro* e che l'ampiezza del legame va di pari passo con l'effetto ipocolesterolemizzante, porta a ritenere che questo è il principale meccanismo d'azione delle fibre. Comunque, la maggiore escrezione, con le fibre, degli acidi biliari non è tale da giustificare una riduzione dei livelli ematici di colesterolo. D'altra parte è stato osservato che una riduzione di colesterolo ematico non è sempre accompagnata da un'aumentata secrezione di acidi biliari.

Le fibre possono anche legare i componenti delle micelle, oltre che degli acidi biliari, destabilizzando così la formazione di micelle necessarie per l'assorbimento di lipidi. Comunque, l'aumento dei grassi nelle feci è così piccolo da giustificare solo in parte la significativa riduzione di colesterolo nel plasma. La viscosità del contenuto intestinale è stato un altro meccanismo proposto da più parti, anche se non tutte le fibre che formano gel sono efficaci nel ridurre i livelli di colesterolo (la gomma arabica ha una bassa viscosità, ciò nonostante riduce i livelli di colesterolo). L'inibizione della lipasi pancreatica è un altro possibile meccanismo d'azione, anche se sostanze come la crusca di frumento inibiscono la lipasi senza modificare i livelli di colesterolo.

È dunque difficile allo stato attuale delineare un esatto meccanismo d'azione, come anche risulta dubbia una risposta dose-effetto della fibra. La fibra può influenzare l'assorbimento dei lipidi direttamente, influenzando lo svuotamento gastrico, riducendo il tempo di transito, influenzando la diffusione del contenuto intestinale, o legando i componenti micellari (sali biliari, acidi biliari, colesterolo, fosfolipidi). La fibra può anche agire indirettamente, influenzando il metabolismo degli acidi biliari, la struttura intestinale, la risposta degli ormoni intestinali (Tab. 8.2). Un'altra possibilità è che una dieta ricca di fibre, essendo povera di grassi, porterebbe ad una ipolipidemia.

Ci sono comunque dei meccanismi addizionali che devono essere considerati. Ad esempio gli AGCC (il propionato in particolare) inibiscono l'enzima epatico che regola la sintesi di colesterolo (HMG-CoA = β-idrossi-β-metilglutaril-coenzima A).

C'è anche chi, piuttosto che una inibizione della sintesi di colesterolo, sostiene una diversa ridistribuzione del colesterolo dal plasma al fegato e ad altri tessuti e un diverso rapporto fra le lipoproteine.

In conclusione, gli effetti ipocolesterolemizzanti di una dieta ricca di fibre compaiono solo dopo 5-6 settimane, ma perché l'intervento dietetico abbia un effetto apprezzabile è necessario che le modificazioni della dieta si verifichino in età precoce.

Risultati modesti ed il rischio di complicazioni (Fig. 8.1) richiedono l'uso contemporaneo di farmaci ipocolesterolemizzanti (Tab. 8.3).

Tabella 8.2. Meccanismi dell'azione ipocolesterolemizzante della fibra

Azione diretta

    (i) aumentata escrezione fecale di colesterolo e di sali biliari;

        • stimolata sintesi *de novo* di acidi biliari;

        • diminuita disponibilità di acidi biliari per la formazione di micelle;

    (ii) ridotto transito intestinale.

Azione indiretta

    (i) inibizione della lipasi pancreatica;

    (ii) effetti degli acidi grassi a catena corta;

    (iii) modificazioni strutturali dell'intestino;

    (iv) interferenza con il metabolismo delle lipoproteine.

Fibra e colesterolo

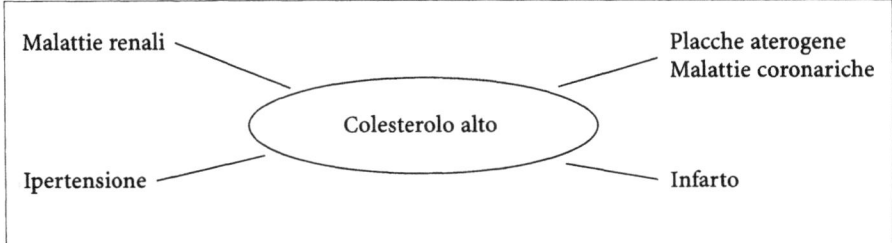

Fig. 8.1. Rischi dell'ipercolesterolemia

Tabella 8.3. Farmaci per il trattamento della ipercolesterolemia

Farmaco	Meccanismo d'azione e indicazioni	Effetti collaterali
Inibitori dell'HMG Co-A redattasi (statine) Lovastatina Simvastatina Fluvastatina Atorvastatina Rosuvastatina	Inibizione competitiva dell'HMG-CoA reduttasi → aumento recettori epatici per le LDL → aumentato catabolismo LDL *Indicazione principale:* Trattamento delle ipercolesterolemie. Riduzione colesterolo LDL < 30% Aumento fino al 15% di colesterolo HDL. Riduzione della trigliceridemia	Epatite (2% dei pazienti) Miopatia (1% dei pazienti) Rischio più elevato nei pazienti con disfunzione epatica o insufficienza renale o trattati con fibrati
Resine sequestranti gli acidi biliari Colestiramina Colestipolo DEAE-destrano	Aumentata escrezione fecale degli acidi biliari → ridotto circolo enteroepatico Solo per il DEAE-destrano: ridotto assorbimento di acidi grassi e glucosio → riduz. trigliceridi e glicemia *Indicazione principale:* Trattameno delle ipercolesterolemie.	Stipsi e meteorismo (possono essere controllati mediante terapia con fibre!) Ipertrigliceridemia Interferenza con assorbimento di digossina, warfarin, tiroxina e acido folico
Inibitori assorbimento del colesterolo Ezetimibe	Inibizione selettiva dell'assorbimento intestinale del colesterolo alimentare e biliare. *Indicazione principale:* Trattameno delle ipercolesterolemie.	Aumento transaminasi (in associazione a statine) Possibile insorgenza di colecistopatie?

Cont. →

Cont. Tabella 8.3.

Farmaco	Meccanismo d'azione e indicazioni	Effetti collaterali
Acido nicotinico e acipimox	Inibizione sintesi epatica VLDL Riduzione catabolismo HDL Modificazione composizione LDL *Indicazioni:* Disbetalipoproteinemie familiari e iperlipemie miste. Ipercolesterolemie (alte dosi)	Flushing Disturbi gastrointestinali (nausea e epigastralgie) Epatite Iperuricemia
Fibrati Clofibrato Bezafibrato Fenofibrato Gemfibrozil	Aumento attività lipoprotein-lipasi Ridotta espressione Apo CIII Aumento APO AI Conseguente riduzione VLDL e aumento colesterolo HDL *Indicazioni:* Trattamento delle ipertrigliceridemie (riduzione aterogenicità delle LDL e possibile riduzione colesterolo LDL)	Disturbi gastrointestinali (nausea e dolori addominali) Aumentata incidenza di colelitiasi (clofibrato) Aumentato rischio di miopatia se associati a statine Potenziamento attività anticoagulanti orali
Oli di pesce Acidi grassi omega-3 poliinsaturi EPA, DHA	Riduzione trigliceridemia Aumento colesterolo HDL Modesta riduzione colesterolo LDL	Sanguinamento (per interferenza con la funzione piastrinica)

9.0 Fibra ed obesità

L'obesità è oggi, nei Paesi occidentali, un problema epidemiologico in quanto si calcola che più della metà della popolazione in Europa e negli USA è in sovrappeso o francamente obesa. Un soggetto viene definito obeso se il peso corporeo supera il 20% del peso corporeo ideale. L'obesità viene definita lieve se il peso è compreso tra il 20 e il 40%, media se è compreso tra il 40 e il 100%, grave se supera il 100% del peso corporeo ideale.

Un'altra classificazione, più utile perché correlata al rischio di patologie associate e alle opzioni terapeutiche da adottare è quella basata sull'indice di massa corporea (*body mass index* o BMI). Il BMI viene calcolato dividendo il peso corporeo del paziente espresso in Kg per l'altezza espressa in metri elevata al quadrato.

$$BMI = Peso\ (Kg) / Altezza\ (m)^2$$

In base al BMI è possibile classificare l'obesità per livelli di gravità secondo lo schema riportato nella Tabella 9.1. Questa classificazione è importante, in quanto i pazienti con obesità grave presentano un rischio elevato di patologie concomitanti e per essi vi è indicazione alla terapia

Tabella 9.1. Classificazione dell'obesità in base all'indice di massa corporea (BMI)

Classificazione	BMI (Kg/m^2)
Sovrappeso	25-29
Obesità	> 30
Lieve	30-34
Media	35-39.9
Grave	>40

chirurgica. Un altro importante parametro è rappresentato dalla distribuzione del grasso corporeo nel paziente obeso. Una localizzazione del grasso corporeo prevalentemente al tronco (obesità viscerale o troncolare, precedentemente classificata come androide) è associata ad un aumentato rischio di cardiopatia ischemica. Per individuare questo tipo di obesità si determina la circonferenza della vita misurata nel punto di mezzo tra il margine costale inferiore e la cresta iliaca e la circonferenza dei fianchi, misurata all'altezza del grande trocantere (Tab. 9.2) . Bisogna infatti tenere presente che l'obesità è associata al rischio di insorgenza di altre patologie. In particolare, l'obesità facilita l'insorgenza e ostacola il controllo metabolico del diabete mellito (in particolare, il mantenimento di un BMI < 22 sembra poter prevenire l'insorgenza del diabete di tipo 2, cioè non insulino dipendente). Analogamente, aumenta nel paziente obeso il rischio di insorgenza di ipertensione arteriosa, cardiopatia ischemica e di mortalità per scompenso cardiaco. La Figura 9.1 riassume la costellazione di rischi che il paziente obeso assume in conseguenza dell'aumento del peso corporeo.

Prima di curare l'obesità si rende necessario operare una distinzione tra obesità secondarie a lesioni organiche e obesità semplici. Le prime sono molto rare (obesità ipotalamiche, endocrine, ecc.) e comunque richiedono innanzitutto il trattamento della affezione patogenetica e poi le stesse identiche misure che si adottano in caso di obesità semplice. Le obesità semplici sono molto diffuse e risultano legate alla presenza di uno stato di conflittualità psicologica, a pessime abitudini dietetiche ed anche , sebbene raramente, a predisposizioni genetiche.

La cura dell'obesità è per un verso semplice, perché è sufficiente in teoria ridurre l'apporto calorico per far dimagrire i pazienti, e per l'altro complessa, in quanto i pazienti tendono dopo un periodo di tempo più o meno lungo a riprendere le vecchie abitudini alimentari e perché si trascurano le cause dell'obesità che, a parte i casi di obesità secondaria a ben definite alterazioni endocrine (morbo di Cushing, ipotiroidismo, neoplasie ipotalamiche), nel caso di obesità prmitiva, sono ancora

Tabella 9.2. Classificazione dell'obesità in base alla distribuzione del grasso corporeo

Distribuzione adipe	Circonferenza vita	Rapporto circonferenza vita/circonferenza fianchi
Obesità troncolare	Uomini > 102 cm	Uomini > 1
	Donne > 88 cm	Donne > 0.90

Fibra ed obesità

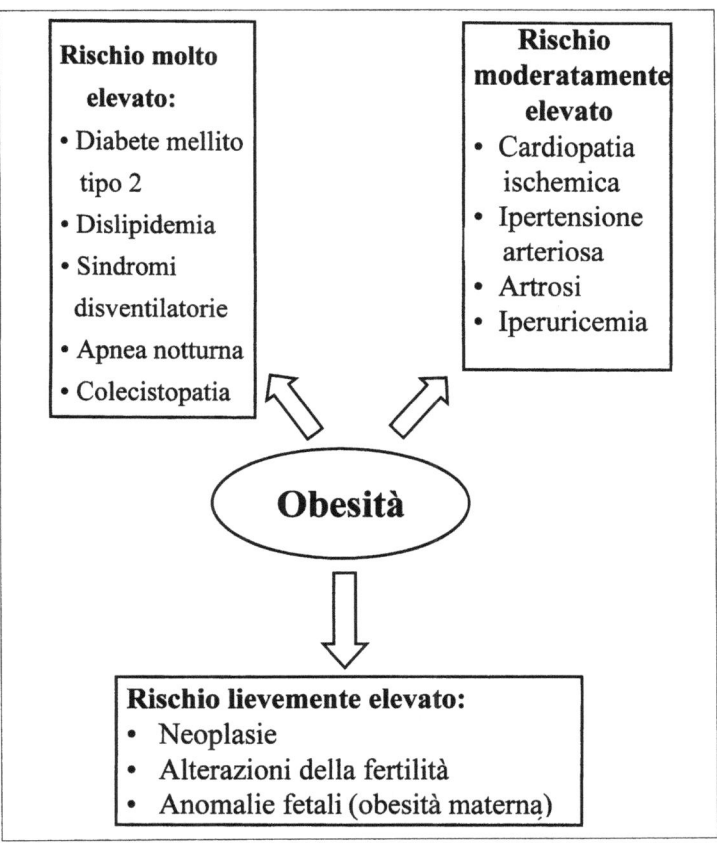

Fig. 9.1. Rischi dell'obesità

non del tutto note e a volte di tipo caratteriale (conflitti familiari, shock affettivo, senso di colpa, ecc.) e quindi non semplici da correggere.

Ad ogni modo, nei pazienti in soprappeso o con obesità di grado lieve o moderato, la terapia consigliata è rappresentata anzitutto da una dieta ipocalorica (apporto calorico < 500-1000 Kcal rispetto a quello abituale del paziente) e ipolipidica (contenuto di grassi < 30%). L'obiettivo è di ottenere una perdita di peso pari al 5-10%, che, se pure non riporterà il paziente al peso corporeo ideale, ridurrà in maniera significativa l'incidenza e la gravità delle patologie associate. Alla dieta va associata una regolare attività fisica, utile anche nei casi in cui bisogna mantenere il calo ponderale raggiunto. Comunque, la pietra miliare della terapia è rappresentata oggi da una dieta ricca di fibra alimentare. Questa, infatti, causa un calo ponderale significativo ed inoltre controlla l'appetito e quindi l'iperfagia.

La Tabella 9.3 sintetizza i risultati di 9 studi clinici a doppio cieco. Come si può osservare la perdita di peso registrata dopo 3 mesi è di circa 2 kg maggiore nei soggetti trattati con 5-10 g/die di fibra rispetto al placebo (amido).

La perdita di peso addizionale che si ha nei soggetti trattati con fibra è di circa 180 grammi/settimana. Dopo i successivi 3 mesi di trattamento la perdita addizionale di peso oscilla tra i 30 ed i 90 grammi/settimana. Questi studi mostrano che un calo di peso corporeo (i) può essere facilmente valutato in studi clinici ben definiti, (ii) è più evidente nei primi mesi di trattamento e (iii) può essere attribuito almeno in parte ad una perdita di nutrienti con le feci.

I meccanismi attraverso i quali la fibra alimentare influenza l'appetito non sono completamente noti. Gli alimenti che contengono fibre richiedono una più lunga masticazione di quelli privi o poveri di fibre: di conseguenza il tempo necessario per consumare un pasto ricco di fibre è più lungo. Una maggiore masticazione comporta un minore consumo di cibo e studi sperimentali hanno mostrato una maggiore sazietà in queste condizioni.

Inoltre i cibi ricchi di fibre conferiscono al pasto un volume maggiore e quindi i pasti ricchi di fibre sono poco calorici rispetto a quelli poveri di fibre. Studi non più recenti hanno dimostrato che un cibo poco calorico, contenente considerevoli quantità di fibre (micoproteine), confrontato con un cibo a base di pollo, influenzava l'appetito e riduceva l'assunzione di energia nelle 24 ore.

Tabella 9.3. Riduzione del peso corporeo osservata in 9 studi clinici condotti su di un totale di 538 soggetti

Studio clinico doppio cieco	Numero di soggetti	Fibre g	Settimane	Perdita di peso: Kg	
				Fibra	Placebo
1	60	5	8	7.0	6.0
2	45	7	12	8.2	4.1
3	60	6	12	8.5	6.4
4	20	3	8	2.5	+0.7
5	90	10	11	6.3	4.2
6	53	5	8	3.0	1.5
7	97	7	11	4.9	3.3
8	53	6	26	6.7	5.7
9	60	7	26	5.3	2.9

La fibra alimentare, stimolando poi la secrezione di colecistochinina, rallenta lo svuotamento gastrico, riducendo così gli stimoli della fame da una parte e producendo un senso di sazietà dall'altra. Le fibre che formano gel, come la gomma guar e le pectine, sono le più efficaci nel rallentare lo svuotamento gastrico. La produzione di saliva, d'altra parte, incrementa quando si prolunga la masticazione e questo potrebbe incrementare il riempimento gastrico. Contemporaneamente, le fibre solubili sono in grado di modificare anche i fattori di rischio associati all'obesità. Diversi cibi contenenti fibre e supplementi di fibre purificate (FOS) riducono anche la risposta insulinica all'introduzione di carboidrati ed anche in questo caso le fibre più efficaci sembrano essere quelle che formano gel. Questo effetto glicemico lascia ipotizzare che la fibra può essere responsabile di una ridotta resistenza all'insulina negli individui obesi, diabetici e normali. Gli ormoni intestinali, come il *gastric inhibitory polypeptide*, che è responsabile della secrezione di insulina, vengono inibiti in seguito alla assunzione di fibre.

Le fibre possono causare malassorbimento di acidi grassi e di acidi biliari e quindi facilitare l'escrezione di nutrienti altamente calorici con le feci. Poiché non esistono lavori attendibili sugli effetti delle fibre sul metabolismo di vitamine e minerali in individui normali sani e poiché l'obeso è spesso un individuo normale o sano sarebbe il caso di consigliare loro, sottoposti ad una dieta dimagrante, di assumere un preparato multivitaminico e minerali.

Comunque il successo di una dieta dimagrante risiede soprattutto nel controllo dell'appetito, poiché soltanto una volontà veramente forte può sostenere la fame per un lungo periodo di tempo.

I termini usati per qualificare le sensazioni correlate all'appetito sono spesso usati in modo improprio. L'appetito deve essere visto come un processo che parte nel momento in cui s'inizia a mangiare ed indirizza, momento dopo momento, alla scelta del cibo; la sazietà come uno stato di inibizione del mangiare (*over further eating*) e sazio uno stato che porta a concludere il processo del mangiare. Il termine fame può essere riferito a sensazioni coscienti legate al desiderio di ottenere e consumare cibo.

Diversi metodi sono stati utilizzati per meglio valutare le variabili correlate alla fame ed alla sazietà in soggetti sottoposti a diete povere o ricche di fibre. Uno di questi potrebbe essere quello di assegnare uno *score* a risposte conseguenti a domande quali: quanto forte è il desiderio di mangiare; quanta fame si avverte; quanto cibo si pensa di poter mangiare; ecc.

In conclusione, la fibra alimentare (ma anche un supplemento di fibre) svolge un ruolo nel trattamento dell'obesità: il suo effetto maggiore è duplice e cioè riduce l'appetito ed incrementa la sazietà e quindi riduce il peso corporeo (Fig. 9.2). Ma non sono da trascurare gli effetti metabolici, in particolare sulla increzione di insulina. Ad ogni modo, per molti obesi, non è sufficiente una dieta ricca di fibre se a questa non si accompagna un sostegno psicologico e l'impiego, in alcuni casi, di psicofarmaci.

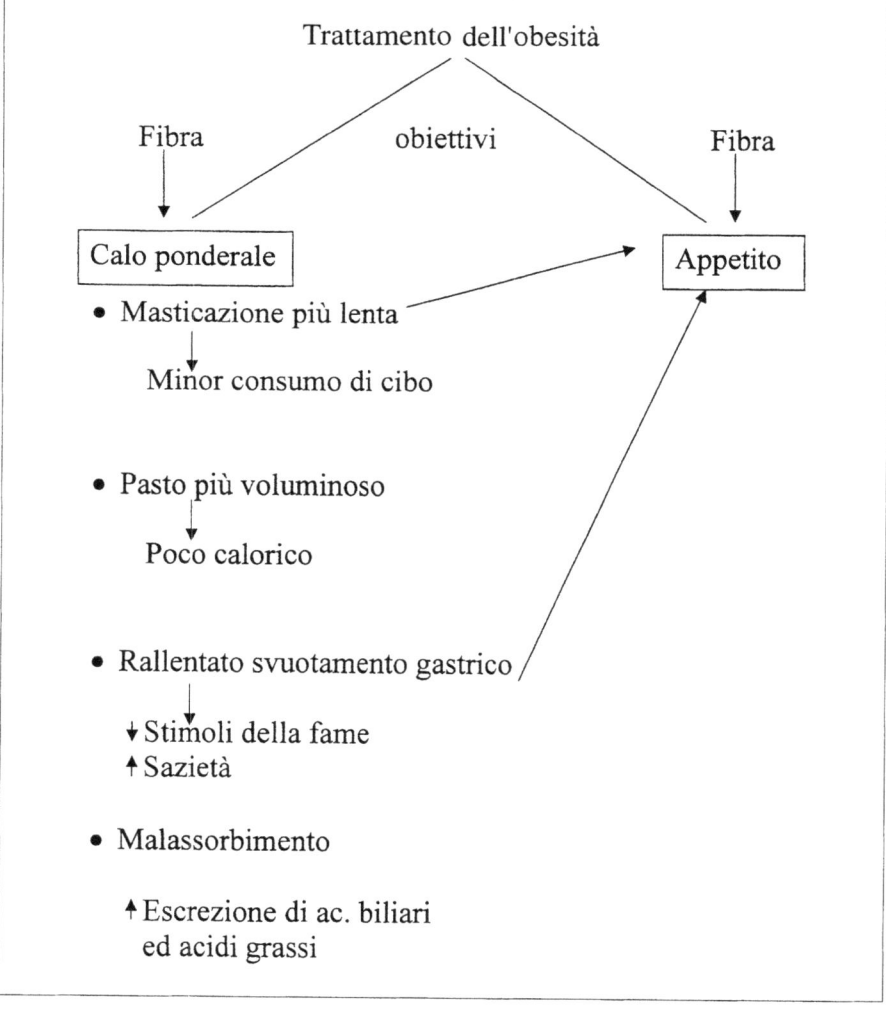

Fig. 9.2. Funzione della fibra nel trattamento dell'obesità: ↑ aumento, ↓ diminuzione

Fibra ed obesità

Se, dopo sei mesi di dieta ipocalorica ed ipolipidica associata all'uso di fibre idrosolubili, si è osservata una perdita di peso < 0.45 Kg/mese, viene associata una terapia farmacologia. I farmaci impiegati comunemente sono (i) anoressizzanti orali (amfetamine, sibutramina) e/o (ii) farmaci che riducono l'assorbimento di nutrienti (orlistat). Questi farmaci, però a) presentano effetti collaterali importanti rispetto alle fibre (Tab. 9.4); b) dopo uso prolungato possono provocare tolleranza e quindi vanno sospesi ; c) rispetto alle fibre, non posseggono un effetto riequilibrante globale sui fattori di rischio associati alla obesità (diabete, dislipidemia).

Tabella 9.4. Farmaci per il trattamento dell'obesità

Farmaci	Meccanismo d'azione	Effetti collaterali
Fertermina, dietilpropione, fendimetrazina, benzfetamina	Anoressizzante (aumentata disponibilità di norepinefrina a livello dei recettori postsinaptici del SNC)	Ipertensione, insonnia, bocca secca, stipsi, cardiopalmo
Sibutramina	Anoressizzante (inibizione *reuptake* di serotonina e norepinefrina con aumento della loro biodisponibilità a livello dei recettori postsinaptici del SNC)	Ipertensione, cefalea, insonnia, bocca secca, stipsi
Orlistat	Inibizione delle lipasi gastroenteriche con ridotto assorbimento di grassi	Flatulenza, steatorrea, incontinenza fecale, ridotto assorbimento di vitamine liposolubili

10. Effetti indesiderati della fibra alimentare

Data la complessa composizione degli alimenti di origine vegetale risulta difficile collegare un tipo di fibra con un particolare effetto indesiderato. Gli effetti delle fibre sono diversi ed in gran parte dovuti alla capacità di trattenere acqua, di scambiare cationi, di formare gel e di fermentare.

La flatulenza e i crampi addominali sono tra i più importanti effetti indesiderati della fibra alimentare, anche se in genere tendono ad attenuarsi con il tempo.

La fibra può inoltre influenzare l'assorbimento di minerali e di elettroliti. I primi studi su questo argomento risalgono al 1977, con Coudray, e riportano effetti negativi delle fibre sull'assorbimento di diversi minerali ed oligoelementi. Studi più recenti hanno però evidenziato che l'effetto della fibra sull'assorbimento dei minerali non è univoco: i fitati e gli acidi uronici, ma anche gli ossalati dei vegetali formano con il calcio dei complessi (chelati) non assorbibili. Nella frutta secca, ad esempio, la presenza di acido fitico ne riduce la biodisponibilità al 10% e nei legumi l'acido ossalico ha un effetto chelante che va dal 15%, per fagioli e lenticchie, al 30% per la soia.

Al contrario, le fibre fermentabili (gomme, pectine, oligofruttosi, inuline, amido resistente) determinano nel lume del colon un abbassamento del pH ed un effetto citotrofico (dovuto agli AGCC ed all'enteroglucagone) con conseguente esaltazione dell'assorbimento di calcio e di altri minerali e del riassorbimento di tutti gli elettroliti.

D'altra parte, se l'effetto della fibra fosse negativo sull'assorbimento dei nutrienti, alcune popolazioni che seguono diete ad altissimo contenuto in fibre dovrebbero manifestare disturbi legati ad un basso assorbimento di minerali, vitamine ed oligoelementi.

Effetti indesiderati della fibra alimentare

Resta comunque il dubbio di una ridotta biodisponibilità dei farmaci assunti in vicinanza di un pasto ricco di fibre; questo però non è stato mai chiaramente dimostrato, anzi ci sono studi che dimostrano il contrario e cioè un migliore assorbimento di alcuni composti, grazie alla presenza di fibre. Ciononostante si consiglia di assumere fibre non in concomitanza con terapie farmacologiche. Nel caso di integratori a base di fibre è importante poi la forma farmaceutica utilizzata in quanto le compresse si rigonfiano di ben 7 volte nel giro di un minuto dal contatto con l'acqua e possono provocare ostruzione esofagea; al contrario le capsule gelatinose impiegano 7-8 minuti per rigonfiarsi.

La fibra può anche incrementare la lunghezza ed il peso dell'ileo, distendere il colon ed influenzare la divisione delle cripte senza però compromettere la funzionalità dell'intestino. Così pure dati epidemiologici mostrano che la formazione di adenomi è un evento improbabile in soggetti che assumono regolarmente 25-30 g di fibre con gli alimenti.

Le fibre sono comunque controindicate nei pazienti con ostruzioni intestinali, in quelli con megacolon e megaretto, nel caso di intenso meteorismo e nelle dispepsie funzionali.

11. Prebiotici

Qualche decennio fa furono scoperti gli effetti benefici dei latti fermentati e dello yogurt sull'organismo umano. Questi prodotti consentivano l'assunzione di batteri lattici vivi che modificavano la flora intestinale residente rendendola più resistente e più reattiva.

Questo tipo di approccio, detto **probiotico**, presentava, però, un inconveniente: i batteri lattici prima di raggiungere il lume intestinale (colon) ed esprimere la loro attività specifica permangono per circa 60 minuti nello stomaco in un ambiente acido e quindi ostile alla loro sopravvivenza. Negli anni '90 si è cercato di ovviare a questo problema fornendo un nutrimento specifico alla flora intestinale in modo da stimolarne la crescita, piuttosto che implementarla dall'esterno con la somministrazione di germi.

Questo nuovo approccio, detto **prebiotico**, consiste nel somministrare nutrienti specifici in grado di raggiungere il lume del colon immodificati.

I nutrienti per essere classificati prebiotici devono:
(i) non essere assorbiti, né idrolizzati, nel primo tratto del digerente;
(ii) rappresentare un substrato selettivo per uno o per un numero limitato di batteri (bifidobatteri, lattobacilli), in modo da stimolarne la crescita e/o attivarne il metabolismo;
(iii) modificare, conseguentemente, la flora del colon a favore di quella "utile";
(iv) indurre effetti luminali o sistemici in grado di migliorare lo stato di salute del soggetto.

Dei diversi componenti la dieta i carboidrati non digeribili (oligosaccaridi e polisaccaridi), alcuni peptidi, alcune proteine ed alcuni lipidi (esteri ed eteri) non vengono assorbiti nel primo tratto del digerente e

Prebiotici

non sono idrolizzati dagli enzimi digestivi che copiosi si riversano nell'intestino tenue e pertanto sono considerati degli "alimenti del colon". Di questi, però, soltanto i carboidrati non digeribili possono considerarsi dei possibili prebiotici e di questi soltanto gli oligosaccaridi si comportano da veri prebiotici (Tab. 11.1). Infatti per molti carboidrati non digeribili il processo di fermentazione nel colon è piuttosto aspecifico.

Gli oligosaccaridi prebiotici si ottengono dalle piante (asparago, cipolla, carciofo, ecc.) per estrazione (FOS, TOS), per idrolisi enzimatica controllata a partire dai polisaccaridi (FOS) oppure per sintesi enzimatica (FOS, GOS, TOS). Questi prodotti, la cui composizione chimica è riportata nalla Tabella 11.2, rappresentano delle "fibre purificate". In alcuni casi sono utilizzati come tali (Imodorm®), in altri risultano associati a prodotti che migliorano le funzioni intestinali quali psillio, tamarindo, mannitolo (Puntuale Fibre®).

Tabella 11.1. Carboidrati visti come nutrienti del colon (NC) e come prebiotici (P)

Carboidrati	NC	P
Amido resistente	Si	No
Polisaccaridi non amidacei		
• polisaccaridi della parete cellulare delle piante	Si	No
• emicellulose	Si	No
• pectine	Si	No
• gomme	Si	No
Oligosaccaridi non digeribili		
• frutto-oligo-saccaridi (FOS)	Si	Si
• galatto-oligo-saccaridi (TOS)	Si	Si*
• gluco-oligo-saccaridi (GOS)	Si	Si*
• soia-oligo-saccaridi (SOS)	Si	Si*

* non tutti sono concordi nel considerare prebiotici questi fruttani

Tabella 11.2. Composizione chimica degli oligosaccaridi in termini percentuali

Zuccheri	GOS	FOS	TOS
Monosaccaridi	Tracce	5	Tracce
Disaccaridi e trisaccaridi	12	27	49
Tetrasaccaridi	19	31	37
Pentasaccaridi ed esasaccaridi	50	34	13
Eptosaccaridi	19	3	Tracce

I prebiotici oligosaccaridi hanno dimostrato di possedere effetti comuni, ma anche specifici. Ad esempio riducono significativamente la concentrazione plasmatica di colesterolo ed in alcuni casi modificano, anche se di poco, quella dei trigliceridi. Inoltre aumentano la produzione degli AGCC, anche se con qualche differenza (i GOS aumentano il propionato, mentre i FOS ed i TOS il butirrato e gli isoacidi). I GOS non alterano i livelli di ammoniaca, mentre i FOS ed i TOS li riducono. Così pure i FOS ed i TOS, al contrario dei GOS, provocano un aumento significativo di bifidobatteri con conseguente aumento globale della massa fecale. Inoltre, i GOS, al contrario dei FOS e dei TOS, aumentano le attività enzimatiche (glicolitiche) dei batteri residenti nel colon e questo potrebbe essere utile nei neonati prematuri con deficienze enzimatiche transitorie.

Degli oligosaccaridi prebiotici i FOS sono quelli più utilizzati per normalizzare la flora batterica e migliorare le funzioni intestinali (stipsi, deficienze digestive, ipercolesterolemie).

Di recente sono state proposte delle associazioni di probiotici e prebiotici: la loro funzione è quella di migliorare la sopravvivenza degli organismi probiotici e di fornire un substrato specifico alla flora batterica residente. Queste associazioni sono definite con il termine **simbiotici**.

I simbiotici attualmente disponibili sono una associazione di: bifidobatteri e FOS: lattobacilli ed inuline; bifidobatteri, lattobacilli e FOS o inuline; bifidobatteri e psillio (Nutricol®, Biozym®, Florbiot®, ecc.).

I simbiotici hanno le stesse indicazioni dei prebiotici. Proteggono contro infezioni intestinali, riducono le infiammazioni a carico dell'intestino, ostacolano la diarrea da antibiotici e quella infettiva e virale e migliorano i sintomi delle costipazioni.

11.1. I Frutto-Oligo-Saccaridi (FOS)

I FOS sono oligosaccaridi contenenti 3 -5 unità di monosaccaridi (D-fruttosio e D-glucosio). Chiamati anche oligofruttosi o neozuccheri, appartengono alla classe di carboidrati noti come fruttani. I fruttani, oltre ai FOS ed alle inuline, comprendono anche i levani, un altro gruppo di oligosaccaridi contenenti fruttosio. I fruttani sono diffusi nel regno vegetale (asparago, carciofo, cipolla, aglio, bardana, cicoria, farro, soia, ecc.) mentre i levani sono presenti anche nei batteri, oltre che nei funghi.

Prebiotici

I FOS si ottengono per idrolisi enzimatica dall'inulina; su scala industriale si producono a partire dal saccarosio. Il prodotto di partenza è in genere costituito da uno sciroppo di saccarosio a cui viene aggiunto un enzima (fruttosiltransferasi) prodotto naturalmente da un ceppo batterico non patogeno.

I FOS presentano una unità di D-glucosio in posizione terminale e da 2 a 4 unità di D-fruttosio. I FOS che contengono 2 unità di fruttosio si indicano con la sigla GF2 (dove G sta per glucosio ed F per fruttosio); quelli con 3 unità di fruttosio si indicano con la sigla GF3 e quelli con 4 unità di fruttosio GF4. GF2 è anche chiamato 1-kestosio e GF3 nistosio. Il legame tra le unità di fruttosio è di tipo β (2 – 1) glicosidico mentre il glucosio è legato al fruttosio con un legame α1 - β2. Grazie a questa configurazione strutturale i FOS transitano immodificati nello stomaco e nell'intestino tenue essendo gli enzimi digestivi specifici per i legami α - glicosidici.

I FOS, una volta somministrati *per os*, raggiungono il cieco ed il colon praticamente inalterati. In questo tratto terminale dell'intestino i FOS subiscono una idrolisi ed una fermentazione da parte della flora batterica. Diversi studi condotti *in vitro* mostrano che i FOS inducono in modo specifico la crescita dei bifidobatteri (*infantis, adolescentis* e *longum*), a discapito di batteri potenzialmente patogeni quali clostridi, salmonelle, shigelle ed altri ancora.

L'elevata specificità per i bifidobatteri è dovuta soprattutto alla secrezione di una β-fruttosidasi.

A parte i cambiamenti nella composizione della flora batterica del colon, la fermentazione dei FOS causa un'aumentata produzione di AGCC ed in particolare di acido lattico, con conseguente ridotta produzione di sostanze putrefattive.

A questo effetto antiputrefattivo concorre anche l'abbassamento del pH nel colon, che favorisce lo sviluppo di una flora batterica acidofila a scapito di specie batteriche ad azione putrefattiva. Comunque, studi in *vitro* hanno dimostrato che questi effetti non necessariamente dipendono dalla produzione di acidi e dall'abbassamento del pH in quanto i bifidobatteri sono in grado di inibire la crescita di alcuni patogeni anche in ambiente neutro.

Gli AGCC sono inoltre un ottimo substrato per le cellule della mucosa del colon, favorendone il trofismo e le funzioni fisiologiche (Fig. 11.1).

Gli oligosaccaridi, e più in generale i fruttani, a dosi appropriate, provocano un blando effetto lassativo con un meccanismo di tipo *bulk forming* in quanto facilitano la crescita della specifica massa batterica e

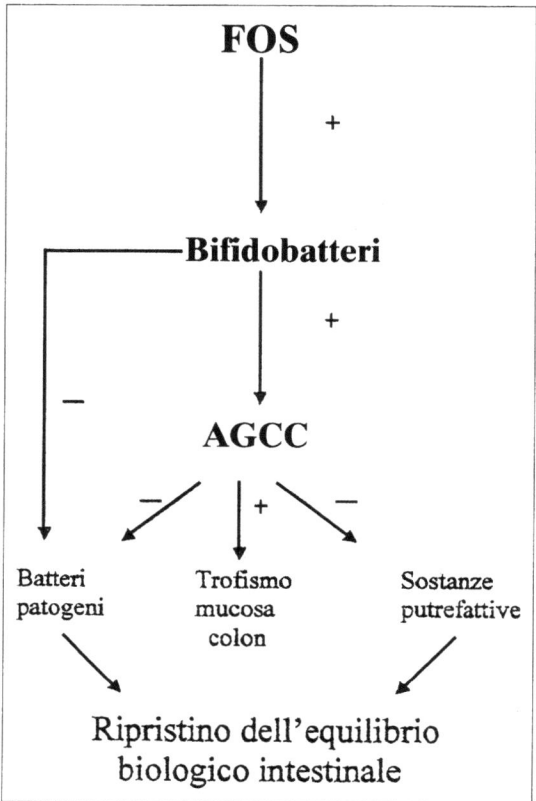

Fig. 11.1. Effetti fisiologici indotti da FOS. - inibisce; + favorisce

quindi della massa fecale globale. Altri fattori che contribuiscono all'effetto lassativo sono: l'ipertonicità che si stabilisce nel lume intestinale, in seguito alla formazione di AGCC, che in parte, per osmosi, richiama acqua e distende le anse, in parte stimola la mucosa con conseguente aumento della secrezione e con insorgenza di riflessi peristaltogeni; l'ostacolato riassorbimento nel colon, per la presenza di FOS che, non digeriti e non assorbiti, trattengono acqua, e facilitano un accumulo di liquido intraluminale.

Tutti questi fattori normalizzano le funzioni intestinali (motilità e secrezione) con un meccanismo fisiologico, con il risultato che la massa fecale risulta più voluminosa e più soffice: questo rende più frequente e naturale lo svuotamento dell'alvo intestinale (evacuazione) (Fig. 11.2). Grazie a questo blando effetto lassativo i FOS possono essere utilmente impiegati sia per curare che per prevenire la stipsi funzionale.

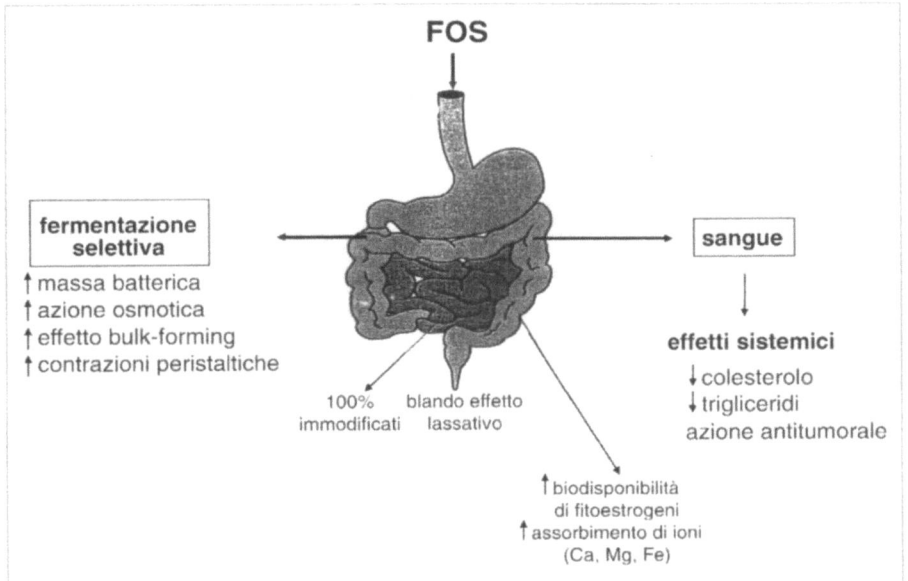

Fig. 11.2. Effetti terapeutici dei FOS. ↑ aumento, ↓ riduzione

I FOS possono anche provocare una riduzione dei livelli di colesterolo ematico. In pazienti diabetici, un trattamento quotidiano di 8-10 g di FOS per 6-16 settimane provoca una riduzione del colesterolo ematico totale e dell' LDL ematico ed in alcuni casi anche una riduzione di trigliceridi. Tali effetti sono stati osservati anche in alcuni pazienti iperlipidemici ed in pazienti con epatite cronica.

Il meccanismo d'azione non è del tutto chiaro. I FOS potrebbero inibire la sintesi epatica dei trigliceridi, come anche di colesterolo; in questo secondo caso il propionato, prodotto di fermentazione dei FOS, potrebbe inibire l'attività dell' HMG-CoA reduttasi, enzima che svolge un ruolo chiave nella sintesi del colesterolo.

I FOS potrebbero anche legare il colesterolo e gli acidi biliari nel lume intestinale riducendone l'assorbimento.

I FOS esercitano poi un effetto ipoglicemico inibendo la gluconeogenesi. Inoltre possono facilitare l' assorbimento nel lume del colon di ioni calcio, magnesio e ferro e migliorare la ritenzione del calcio nel tessuto osseo con conseguente migliore densità minerale ossea; questo potrebbe essere di beneficio nel prevenire l'osteoporosi e l'osteopenia. D'altra parte una elevata concentrazione di questi cationi nel colon può aiutare a controllare la velocità del *turnover* cellulare. Così pure una elevata concentrazione di calcio nel colon può portare alla formazione di bile insolubile o di sali di acidi grassi; questo potrebbe ridurre il potenziale effetto dannoso della bile o degli acidi grassi sui colonociti.

È stato anche ipotizzata una possibile attività antitumorale dei FOS. Alcuni studi suggeriscono tra l'altro che il butirrato, prodotto dalla fermentazione batterica dei FOS, può indurre arresto della crescita e differenziazione cellulare e regolare l'apoptosi, attività queste che potrebbero essere significative per l' attività antitumorale.

I FOS possono infine migliorare la biodisponibilità di genisteina e daidzeina, isoflavoni presenti nei legumi (soia) e ritenuti capaci di prevenire il cancro mammario e prostatico e l'osteoporosi da post-menopausa. Questi fitoestrogeni sono presenti in natura come glicosidi (genistina, daidzina); per agire devono essere idrolizzati da una glicosidasi prodotta dalla flora batterica, tra cui i bifidobatteri. I FOS, stimolando la crescita di bifidobatteri nel lume intestinale, facilitano la scissione del legame glicosidico e quindi migliorano l'assorbimento delle due genine genisteina e daidzeina.

Quindi i fruttani possono, sia direttamente che indirettamente, esercitare un effetto antitumorale.

I FOS sono ben tollerati. In virtù della loro azione fisiologica promuovono e favoriscono il transito intestinale senza irritare la mucosa intestinale.

Una dose di 10g/die non provoca effetti collaterali; dosi più alte possono causare lievi disturbi gastrointestinali (Tabella 11.3)

Tabella 11.3. Effetti collaterali dei FOS in funzione della dose somministrata

Dose g\die	Effetto collaterale
10	nessuno
30	flatulenza
40	borborigma, gonfiore
>50	crampi, diarrea

12. Mucillagini

Le mucillagini sono prodotti di trasformazione delle membrane delle cellule vegetali. Si tratta di polisaccaridi di composizione chimica complessa, costituiti da aldosi, pentosi, esosi e da acidi uronici. Con acqua danno soluzioni colloidali di elevata viscosità e di scarso potere di diffusione.

Per il loro effetto emolliente, protettivo ed antiflogistico, le mucillagini si usano nelle terapie delle forme irritative delle mucose del digerente (e delle cavità orofaringee). Si usano inoltre per ritardare l'assorbimento di alcuni farmaci (l'acido tannico), per mitigare il sapore di alcune sostanze (amari, sostanze acide) e per ridurre l'azione irritante locale di alcuni medicamenti (di natura alcaloidea).

Si usano anche nei casi di stipsi, dovuta ad atonie intestinali, in considerazione della loro proprietà di trattenere acqua e di rigonfiarsi: questo facilita l'evacuazione sia per un aumento della peristalsi che per una modificazione della consistenza delle feci. In altre circostanze, le mucillagini, per le ragioni appena dette, possono risultare costipanti e quindi giovare nei casi di diarrea. Inoltre influenzano il metabolismo del colesterolo e del glucosio.

Le mucillagini sono contenute in elevate quantità in alcune droghe vegetali quali altea, malva, salep, lino e soprattutto psillio, che trova impiego sia come medicamento che come integratore alimentare.

12.1 Psillio

Lo psillio (piantaggine, psillio indiano, psillio biondo o ispagula) è costituito dai semi o dalla cuticola dei semi di *Plantago ovata* Forsk (=

P. ispaghula Roxb.), pianta spontanea in India, Pakistan e Stati Uniti d'America. Si tratta di una pianta erbacea annua, con stelo ramificato, con foglie lanceolate, dentate e pubescenti, con fiori bianchi raggruppati in spighe cilindriche e con frutti capsulari deiscenti recanti due logge che racchiudono un solo seme.

I semi sono ovali (1.5 x 3.5 mm), lisci, lucenti, di colore rosso-beige; la superficie convessa è chiaramente carenata e presenta una macchia marrone che si estende per un quarto della lunghezza complessiva del seme. La cuticula (o tegumento) del seme, ridotta in polvere, presenta cellule ricche di mucillagine; il seme contiene anche albume, nel quale sono immersi granuli di aleurone e goccioline di olio e granuli di amido. Sia il seme che il solo tegumento si rigonfiano a contatto dell'acqua: l'indice di rigonfiamento è non meno di 9 per il seme e non meno di 40 per il tegumento.

Le specie di *Plantago* utilizzate in campo terapeutico sono diverse (Tab. 12.1) (Tab. 12.2). Quelle ad azione lassativa devono presentare un indice di rigonfiamento non inferiore a 10.

Lo psillio contiene quantità significative di mucillagine (circa il 30%), inoltre triterpeni, aucubina, steroli, lipidi, proteine, ecc. La mucillagine è per l'85% un polisaccaride solubile rappresentato da D-xilosio; la struttura di base è uno xilano con legami 1→3 e 1→4 irregolarmente

Tabella 12.1. Alcune specie di *Plantago*

Specie	Parte usata	Effetto/uso
P. ovata (= *P. ispaghula*)	seme intero o il tegumento del seme	Lassativo Ipocolesterolemizzante Metabolismo glucosio
P. afra (= *P. psyllium*)	seme	Lassativo
P. indica (= *P. arenaria*)	seme	Lassativo
P. major	foglia	Bronchite Emorroidi Puntura insetto
P. lanceolata	foglia	Infiammazione cute, bocca. gola
P. asiatica	seme foglia	Espettorante Diuretico Antimicrobico

Mucillagini

Tabella 12.2. Componenti presenti in alcune specie di *Plantago*

Ovata	Afra (Indica)	Major	Lanceolata
Mucillagine (30%)	Mucillagine (10-12%)	Iridoidi	Mucillagine (6-7%)
Aucubina	Aucubina	Flavonoidi	Iridoidi
Triterpeni	Alcaloidi	Mucillagine (semi)	Flavonoidi
Steroli	Steroli		
Lipidi	Lipidi		
Proteine	Proteine		

distribuiti nel polimero. I monosaccaridi identificati nella catena principale sono D-xilosio, L-arabinosio e α-D-galatturonil – (1→2) –L-ramnosio. Oltre agli xilani è presente nello psillio cellulosa, sia nel seme che nella cuticula.

Nel 1998 la Food and Drug Administration (FDA) precisava che un alimento contenente fibre solubili del tipo di quelle presenti nell'avena integrale, associato ad una dieta povera di grassi e di colesterolo, poteva ridurre i rischi di malattie cardiovascolari e prevenire disturbi gastrointestinali. Poco tempo dopo la FDA prendeva in considerazione anche la fibra solubile contenuta nello psillio che, in quantità non inferiori a 1.7 g, poteva essere utile per migliorare lo stato di salute dell'individuo e prevenire alcuni disturbi gastrointestinali e metabolici. La fibra presente nello psillio viene indicata con termini quali mucilloide idrofilico (*psyllium hydrophilic mucilloid*), idrocolloide (*psyllium hydrocolloid*) o gomma di psillio (*psylliun seed gum*). Attualmente si ritiene che un consumo giornaliero di 5-7 g di psillio sia utile per normalizzare le funzioni intestinali e per prevenire disturbi cardiocircolatori. Questa è la ragione per la quale lo psillio viene addizionato ad alcuni cereali *ready-to-eat* (del tipo Kellog's) o utilizzato per preparare integratori alimentari o medicine (Puntuale Fibre®, Agiolax®, Metamucil®), di largo uso come normalizzatori delle funzioni intestinali (Puntuale Fibre®) o come lassativi.

L'effetto lassativo dello psillio dipende dalla sua capacità di richiamare liquidi nel lume intestinale e di gonfiarsi: l'effetto "bulk forming" che ne deriva rende morbide le feci e stimola la peristalsi. Una volta somministrato per *os*, lo psillio viene solo parzialmente digerito nel primo tratto del digerente, dato che i componenti delle fibre sono resistenti all'idrolisi operata dagli enzimi digestivi. Giunti nel lume del colon la fibra subisce una fermentazione, ad opera della flora batterica residente, con conseguente formazione di AGCC e gas (idrogeno, anidride carbonica). Gli AGCC abbassano il pH del lume del colon e favoriscono lo sviluppo di una flora batterica acidofila a scapito di specie batteriche ad azione putrefattiva. A parte l'azione antiputrefattiva, gli AGCC rappresentano un substrato ottimale per le cellule della mucosa del colon che si rinnovano più facilmente (azione trofica).

Uno studio piuttosto recente ha confrontato l'azione dello psillio con quello della crusca, contenente la stessa quantità di fibra, in soggetti normali, con costipazione cronica e con malattia diverticolare. In tutti i soggetti trattati lo psillio risultava più efficace della crusca nell'incrementare il volume delle feci. In un altro studio lo psillio incrementava, in pazienti costipati, la frequenza della defecazione (da 2.5 ± 1 prima del trattamento a 8 ± 2.2 una settimana dopo il trattamento), la consistenza delle feci (da 124 ± 71g a 194 ± 65 g/die); inoltre lo psillio riduceva il tempo globale di transito (da 48 ± 15 ore a 34 ± 18 ore).

Una caratteristica dello psillio è poi quella di migliorare il peso e la consistenza della massa facale sia nella stipsi che nella diarrea. Inoltre lo psillio incrementa il tempo di transito quando questo è breve (nella diarrea) e lo accelera quando è lungo (nella costipazione), contribuendo ulteriormente a normalizzare il transito intestinale della massa fecale (Fig. 12.1). In caso di diarrea lo psillio lega il liquido che copiosamente inonda il lume del colon, incrementa quindi la viscosità del lume intestinale e questo ritarda il transito e migliora l'assorbimento e la consistenza del bolo fecale. Nella stipsi, lo psillio trattenendo acqua nel lume

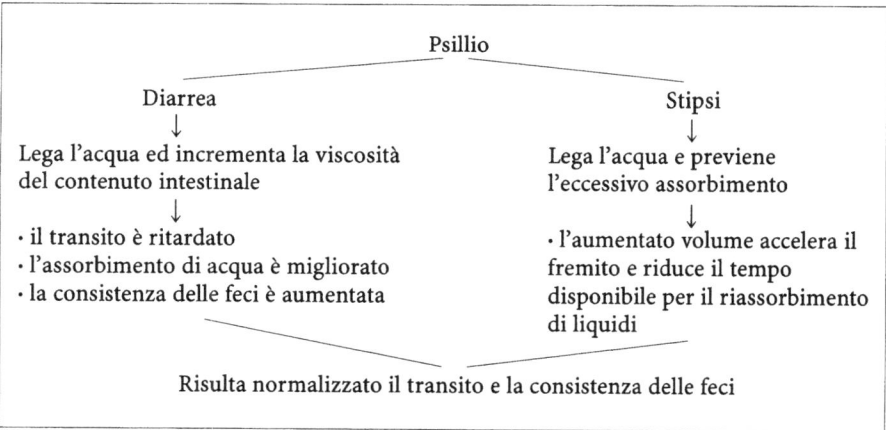

Figura 12.1. Lo psillio nella diarrea e nella stipsi

Mucillagini

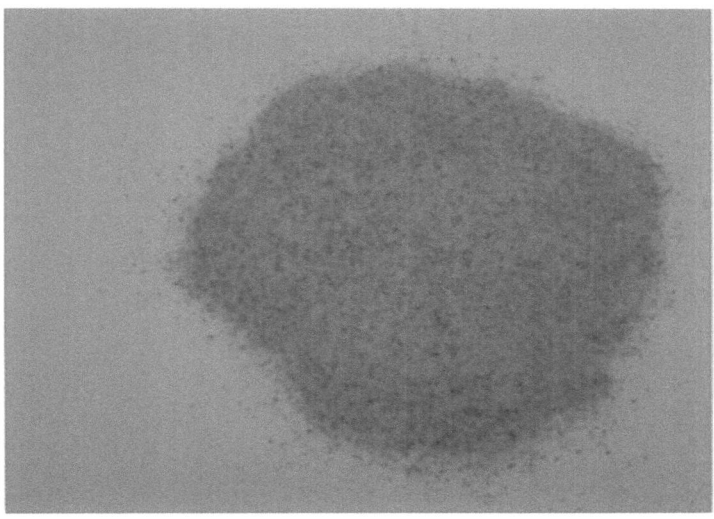

Psillio: cuticola

intestinale previene l'eccessivo assorbimento di liquidi lungo tutto il colon. In queste condizioni la massa fecale risulta più idratata, aumenta di volume e quindi accelera il transito, riducendo in definitiva il tempo disponibile per il riassorbimento del fluido.

A parte l'effetto lassativo ed antidiarroico, lo psillio si è mostrato utile anche nella colite e nei casi di colon irritabile e di diverticolosi.

La colite comporta una infiammazione della parete del colon: a parte i dolori addominali e la diarrea, che sono i sintomi più comuni, lo stato infiammatorio si manifesta con la presenza di muco, sangue e pus nelle feci.

Quando la colite non presenta segni infiammatori ma è determinata da disturbi motori e secretivi, allora si parla di colon irritabile. La sindrome del colon irritabile (SCI) può manifestarsi con stipsi e dolori addominali, con diarrea acquosa oppure con episodi di diarrea e stipsi che si alternano.

Diversa è la diverticolosi, una erniazione della mucosa del sigma, piuttosto che del colon ascendente. L'incidenza aumenta con l'età e se non presenta complicazioni (perforazione del diverticolo, infiammazioni) non richiede un trattamento farmacologico; è sufficiente una dieta ricca di fibre per alleviare i sintomi che sono costipazione e/o diarrea, dolore addominale, flatulenza, muco o sangue nelle feci. Uno studio clinico randomizzato, condotto su pazienti (n° 105) con colite ulcerosa, ha mostrato che lo psillio, assunto per *os* (20 g/die), è efficace quanto la

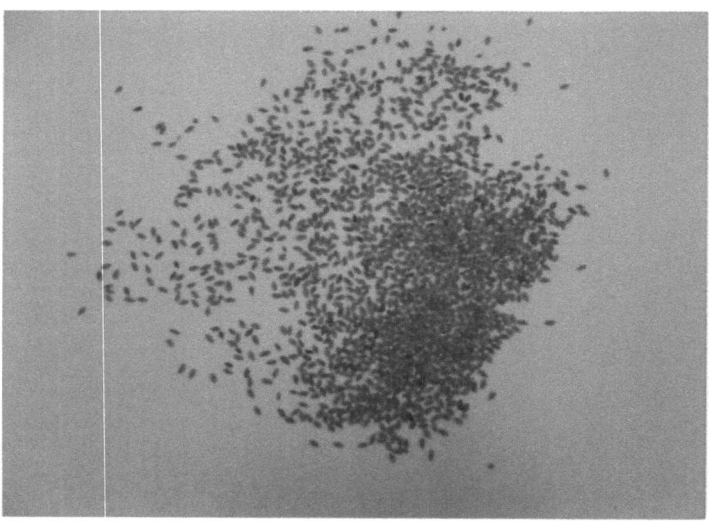

Psillio: semi

mesalamina (500 mg/die) nel prevenire le recidive della malattia e ridurre il rischio di cancro al colon.

Un altro studio clinico ha mostrato che una mucillagine ottenuta dai semi di psillio (Agiocur), somministata per quattro settimane a pazienti con SCI alla dose giornaliera di 20 g, migliora in modo significativo i sintomi della malattia. Lo stesso identico preparato migliora anche i sintomi della diverticolosi in 40 pazienti di età compresa tra 42 e 66 anni.

Negli ultimi 30 anni è entrata nella pratica medica consigliare una dieta con aggiunta di crusca per la SCI. Questa indicazione si è basata sull'ipotesi che la SCI sia provocata da una carenza di fibre nella dieta. Comunque, in quest'ultimo decennio, si è osservato che la crusca non è una panacea, anzi dati aneddotici indicano che il 20% dei pazienti rifiutano o non tollerano la crusca. Alcuni studi clinici hanno poi dimostrato che una minima percentuale di pazienti ne trae vantaggio, mentre più del 50% manifesta un peggioramento della sintomatologia. La conclusione è che l'utilizzo di crusca nel colon irritabile deve essere riconsiderato perché può esacerbare i casi lievi (che non lamentano sintomatologia clinica) o addirittura generare pazienti con SCI, se consumata in eccesso.

Lo psillio provoca anche una riduzione dell'iperglicemia postprandiale (si ipotizza che l'aumentata viscosità intraluminale causata dallo psillio riduca l'assorbimento dello zucchero) ed abbassa i livelli ematici di colesterolo e di LDL proprio come i galattomannani e le pectine. In quest'ultimo caso lo psillio incrementa la eliminazione degli acidi biliari e del colesterolo con le feci e quindi ne riduce l'assorbimento; inoltre, gli AGCC prodotti dalla flora batterica residente inibiscono la sintesi epatica di colesterolo e questo riduce ulteriormente il tasso di colesterolo circolante. Comunque, studi più accurati, condotti in doppio cieco, hanno mostrato che il consumo giornaliero di psillio (10 g/die, preferibilmente aggiunto al cibo) causa una modesta riduzione del colesterolo totale (4-8%) e di LDL (8-13%), ma non modifica i livelli di HDL ed i trigliceridi. Pertanto lo psillio non sembra veramente efficace nell'abbassare il colesterolo, ma, associato ad una dieta appropriata (povera di grassi saturi e di colesterolo), consente il controllo di una ipercolesterolemia moderata.

La FDA ha da alcuni anni approvato l'uso dello psillio come lassativo di massa e la Commissione E tedesca riporta che lo psillio può essere utile nei casi di costipazione cronica e nei casi di emorroidi e ragadi anali. Lo psillio è considerato utile anche nei casi in cui si richiede un'evacuazione non forzata (in gravidanza, negli anziani, dopo interventi chirurgici al colon-retto).

La dose consigliata è di 3-5 g da prendere 1-2 volte nella giornata; la dose è decisamente ridotta nei casi in cui lo psillio è associato ad altri prodotti ad azione lassativa (Puntuale Fibre®, Nutricol®, Biozym®, ecc.) oppure quando è richiesta la normalizzazione delle funzioni intestinali piuttosto che un vero e proprio effetto lassativo.

In Italia l'uso dello psillio come regolatore intestinale e come lassativo è piuttosto diffuso. Diversi medicamenti contengono psillio da solo o in associazione con droghe antrachinoniche e/o droghe coleretiche e colagoghe (Agiolax®, Agiofibra®, ecc.).

Lo psillio è privo di tossicità. Può provocare, se usato a lungo ed a dosi superiori a quelle consigliate, flatulenza e sensazione di gonfiore addominale. In rarissimi casi ha provocato reazioni allergiche (sintomi asmatici). Comunque in un caso (donna asmatica di 42 anni) ha provocato anafilassi e morte. La componente allergenica sembra trovarsi nell'endosperma e nell'embrione, ma non nella cuticola del seme. Pertanto l'uso dello psillio richiede alcune precauzioni: (i) è necessaria l'assunzione di una adeguata quantità di acqua (150 - 200 ml ogni 5 g di psillio); (ii) è consigliabile non assumerlo poco prima di andare a letto (per evitare che lo psillio possa ostruire l'esofago); (iii) è preferibile non darlo in concomitanza dei pasti o di terapie farmacologiche (lo psillio può ad esempio interferire con l'assorbimento del litio); è preferibile non darlo a soggetti predisposti a reazioni allergiche.

Secondo la Commissione E tedesca lo psillio è controindicato in pazienti con diabete difficile da controllare e che i diabetici in terapia insulinica possono richiedere una riduzione delle dosi di insulina. Lo psillio è controindicato anche nei casi di soggetti atopici, di stenosi pilorica, di ostruzione intestinale (fecalomi), di ristagno delle feci; inoltre deve essere consigliato con cautela in caso di megacolon (perché altera la motilità del colon) ed in pazienti trattati con ipocolesterolemizzanti (ne potenzia l'azione).

13. Gomme

Sotto il nome di gomme si comprendono (i) prodotti vegetali presenti nei semi o (ii) essudati raccolti in seguito a opportune incisioni praticate nella corteccia del tronco e dei rami di alcune piante.

Chimicamente le gomme sono dei polisaccaridi generalmente formati da catene a struttura ramificata di differenti monosaccaridi.

Le gomme sono facilmente dispersibili in acqua con cui formano, rigonfiandosi, soluzioni viscose o masse gelatinose.

Proteggono le mucose, assorbono acqua nel lume intestinale, riducono l'assorbimento intestinale di lipidi e zuccheri e, dando un senso di pienezza, aboliscono l'appetito.

Le più usate risultano essere la gomma guar e la gomma karaya.

13.1. Guar

È costituita dall'endosperma del seme di *Cyamopsis tetragonolobus* (*C* = *psoralioides*) (Fam. *Leguminosae*), una pianta erbacea annuale (alta non più di 2 metri) coltivata in India, Pakistan, Texas. Il frutto è un baccello che contiene dai 5 ai 9 semi.

La gomma si ottiene separando l'albume dall'embrione e dal tegumento del seme. Contiene galattomannano (70-80%), acqua (10-13%), proteine (4-5%), fibre grezze (1.5-2%), grassi (0.50-0.75%) e tracce di ferro. Il galattomannano è una catena di unità di mannosio e galattosio.

Si presenta come una polvere bianca che in acqua si idrata rapidamente formando soluzioni ad alta viscosità. A concentrazioni intorno allo 0.5% la soluzione di gomma guar è un fluido newtoniano la cui

guar (struttura parziale)

viscosità aumenta linearmente con la concentrazione; a concentrazioni più alte la soluzione diventa un sistema tissotropico. Inoltre la viscosità non è influenzata dal pH: rimane costante in un intervallo di pH compreso tra 4.0 e 10.5. Il pH influenza tuttavia la velocità di idratazione, che è massima a pH 8-9. Il massimo di viscosità della soluzione viene raggiunto ad una temperatura compresa tra i 20 e i 40°C.

La gomma guar influenza l'assorbimento dei glucidi presenti nella dieta e pertanto viene utilizzata nella preparazione di pasti per diabetici. Alcuni studi mostrano una riduzione dei livelli di glucosio pre- e postprandiale. Inoltre abbassa i livelli di colesterolo e di LDL con il seguente

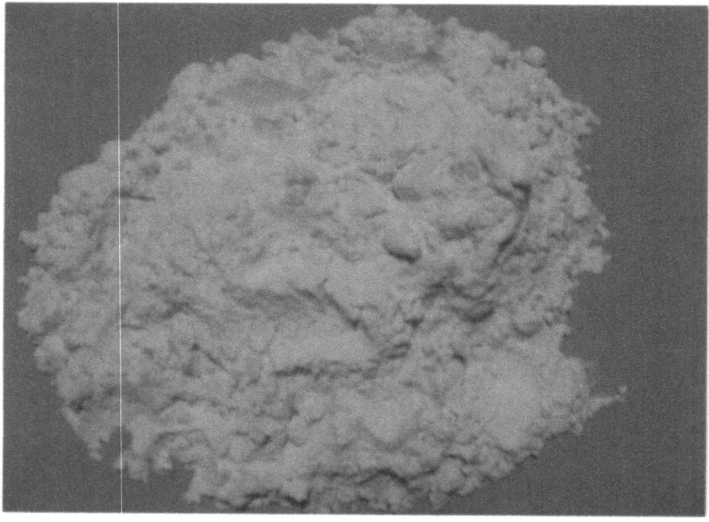

Gomma guar

meccanismo: una volta metabolizzata dalla flora batterica del colon, la gomma guar produce AGCC. Alcuni di questi raggiungono, mediante il sistema venoso portale, il fegato ed inibiscono la biosintesi di colesterolo. Alcune evidenze mostrano anche un ridotto assorbimento intestinale di colesterolo ed una maggiore escrezione di sali biliari con le feci.

La gomma viene anche utilizzata per diminuire l'appetito negli obesi e quindi aiuta a dimagrire. In uno studio clinico condotto su 9 donne con un peso iniziale compreso tra i 72 e i 109 kg sono stati dati 10 g di guar prima dei pasti principali (per un totale di 20 g/die) senza modificare le loro abitudini alimentari. Dopo 2 mesi di trattamento le donne hanno riportato una perdita media di peso di circa 4 kg. In questi stessi soggetti si è osservato anche una riduzione dei livelli ematici di colesterolo e di trigliceridi.

Altri studi clinici (Tab. 13.1) hanno mostrato una perdita media di peso compresa tra 2,5 e 28 kg, a seconda del dosaggio (15-20 g/die) e della durata del trattamento (2,5-12 mesi). L'integrazione dietetica di fibra guar sembra quindi esercitare un effetto dose-dipendente sulla perdita di peso.

Infine, come tutte le fibre *bulk forming*, la gomma guar aumenta il volume delle feci e le idrata rendendo più agevole l'evacuazione in caso di stipsi. Essendo la sua azione graduale è necessario però un trattamento quotidiano di alcuni giorni per poter normalizzare le funzioni dell'intestino.

Tabella 13.1. Integrazione della dieta con fibre diverse e perdita di peso nell'uomo

Fibra (g/die)	Numero soggetti	Durata dello studio in mesi	Perdita di peso in kg
Guar (20)	9	2	4
Guar (20)	7	12	28
Guar (20)	21	2,5	7
Guar (15)	33	2,5	2,5
Glucomannano (3)	20	2	2,5
Pectina (5,56)	14	1	5,7
Preparato A (5)	60	3	8,4
Preparato B (7)	45	3	13,6

Preparato A: la fibra è data per l'80% da cereali e per il 20% da agrumi
Preparato B: la fibra, ottenuta da barbabietola, orzo ed agrumi, è per il 90% insolubile e per il 10% solubile

La dose consigliata è di 5-7 g da assumere ad ogni pasto (15-20 g/die). Non provoca effetti indesiderati. Assunta con il cibo è poco palatabile. Comunque un uso protratto può determinare disturbi intestinali (flatulenza, distensione e spasmi del colon). Può inoltre ridurre l'assorbimento di antibiotici (fenossimetilpenicillina) se questi vengono somministrati contemporaneamente.

Oggi è disponibile anche un tipo di guar parzialmente idrolizzata (Novafibra®), indicata con la sigla PHGG (*partially hydrolyzed guar gum*); questa, a differenza di quella tradizionale, rimane sempre liquida e non gelifica. Questo tipo di gomma cede facilmente acqua alle feci in caso di stipsi e la sottrae in caso di diarrea. Pertanto la PHGG si comporta da regolatore intestinale in caso di stipsi funzionale, ma trova un'utile applicazione anche nelle forme di diarrea non secretive ed in caso di colon irritabile.

La PHGG è anche indicata in caso di diverticolosi in quanto le sue proprietà chimico-fisiche riducono la possibilità di ristagno di materiale nel lume intestinale e conseguente infiammazione del diverticolo. Essa esercita infine un effetto "tampone" sugli zuccheri e di conseguenza riduce i livelli di glicemia. La dose consigliata è di 5 g/die (unica somministrazione). La PHGG è ben tollerata: non produce meteorismo, flatulenza, borborigmi; non provoca distensione e spasmi del colon; non gelifica e quindi non crea gonfiore gastrico.

13.2 Karaya

È un essudato gommoso di alcune specie del genere *Sterculia* (*urens, tomentosa, scaphigera*, ecc.), genere che comprende alberi originari delle zone montuose dell'India e del Vietnam. Specie di *Sterculia* che producono questa gomma si trovano anche in Africa.

La gomma fuoriesce spontaneamente, o in seguito ad incisioni, dal tronco o dai rami (*S. urens*) oppure si ricava, per macerazione, dai frutti (*S. scafigera*). Nel caso della *S. urens* l'essudato si raccoglie prima e dopo la stagione dei monsoni. Si presenta come masse irregolari traslucide, di colore beige o bianco rosato; questa gomma ha un odore di acido acetico e con una soluzione di potassa diventa marrone chiaro.

La gomma è un polisaccaride complesso, ad alto peso molecolare (9.500.000 daltons), caratterizzato da un notevole contenuto di gruppi

Gomme

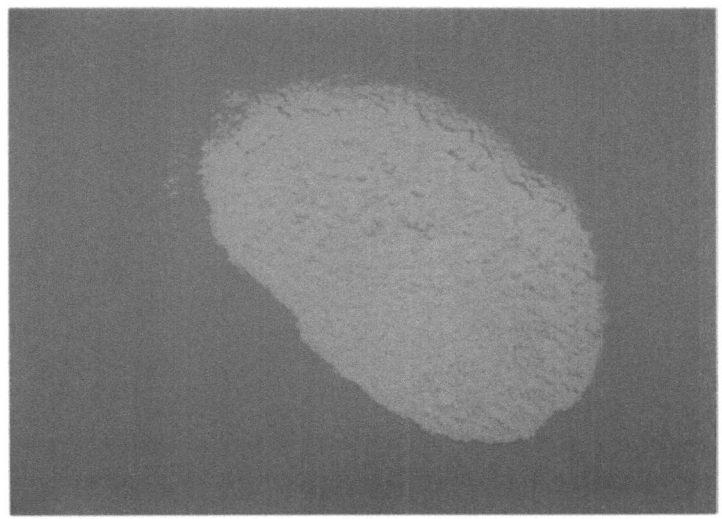

Gomma karaya

acetilici (il grado di acetilazione è di circa l'8%). Per idrolisi acida si liberano acido D-galatturonico, acido D-glucuronico, acido acetico, D-galattosio, L-ramnosio: la gomma karaya non contiene amido.

Questa gomma è debolmente solubile in acqua, ma si rigonfia rapidamente fino a raggiungere un volume molto maggiore di quello iniziale. In pratica forma una soluzione viscosa (la viscosità di una soluzione all'1% è di circa 3.300 cp) la cui densità è massima a pH 8,5 , ma diminuisce con l'aumentare della temperatura o per aggiunta di acidi.

La gomma karaya è utilizzata come lassativo ed è indicata nel trattamento sintomatico della stitichezza; a tale scopo può anche essere associata a solfato di magnesio o ad ossido di magnesio. Viene anche utilizzata nel trattamento dell'obesità e quindi aggiunta nei pasti a basso contenuto calorico perché dà senso di sazietà.

Non provoca effetti indesiderati; è controindicata nel caso di stenosi pilorica e nelle alterazioni della motilità del colon.

14. Conclusioni

La fibra vegetale è una miscela complessa di polisaccaridi diversi (cellulosa, emicellulose, pectine, mucillagini, ecc.) che negli alimenti vegetali si accompagnano a sostanze di natura chimica differente (tannini, saponine, flavonoidi, ecc.). I diversi componenti della fibra possiedono proprietà fisiche e chimiche tali da influenzare alcuni effetti della fisiologia del digerente.

A tutt'oggi non esiste una definizione soddisfacente di fibra vegetale e questo anche per la diversità dei vegetali che forniscono la fibra in quantità differenti. Pertanto la fibra viena suddivisa, sulla base della solubilità in acqua, in solubile (pectine, gomme, mucillagini, emicellulose) ed insolubile (cellulosa, lignina, emicellulose) anche se poi gli alimenti di origine vegetale contengono l'uno e l'altro tipo di fibre.

Riferendoci al comportamento fisiologico la fibra alimentare è una sostanza che, una volta somministrata, non viene digerita dagli enzimi digestivi; ma, anche in questo caso, non esistono, in assoluto, le fibre indigeribili in quanto alcune vengono, anche se parzialmente, demolite dagli enzimi della flora batterica residente nel lume intestinale.

A partire dalla metà del secolo appena trascorso, numerosi studi epidemiologici e sperimentali hanno evidenziato che un uso quotidiano di fibra alimentare (20-30 g), indipendentemente dalla sua natura, riduce sensibilmente il rischio di un danno a carico della mucosa intestinale e disturbi quali stipsi, diarrea, colite, diverticolosi; inoltre riduce i livelli ematici di colesterolo e di glucosio e risulta utile agli obesi.

Questi molteplici effetti dipendono innanzitutto dal fatto che la fibra alimentare, per la sua blanda azione lassativa, riduce il tempo di permanenza di tossine e di nutrienti nel lume intestinale e quindi il loro assorbimento. L'apporto calorico dei nutrienti è quindi ridotto (questo giova

Conclusioni

agli obesi) ed è diminuito anche il rischio di cancro all'intestino. Un'adeguata introduzione di liquidi (circa 2 litri), consigliata sempre in caso di somministrazione di fibre, facilita poi la diluizione di tossine nel lume intestinale, riducendo ulteriormente il rischio di fenomeni tossici. Può darsi però che non siano le fibre in sè ad avere un effetto protettivo e preventivo sul cancro del colon-retto; le fibre potrebbero, piuttosto, essere il "carrier" o "marcatore" di altre sostanze che proteggono dalla cancerogenesi (flavonoidi, fenoli, antocianine, ecc.).

L'effetto lassativo della fibra è di tipo *bulk forming*: in pratica la fibra, specie quella insolubile, trattiene acqua nel lume del colon con conseguente aumento della massa fecale che avanza più velocemente nel lume intestinale (con la fibra deve essere assunta una quantità adeguata di acqua). Con lo stesso meccanismo la fibra può provocare un effetto costipante che può essere utile in caso di diarrea (in questo caso non bisogna somministrare liquidi). Comunque la fibra trattiene anche lipidi che, se assorbiti, possono modificare il metabolismo delle lipoproteine deputate alla sintesi ed al trasporto di colesterolo. Una maggiore eliminazione di acidi biliari provoca, tra l'altro, una sintesi *de-novo* di questi a livello epatico; tutto ciò avviene a spese del colesterolo circolante il cui livello si abbassa di conseguenza.

A parte l'azione ipocolesterolemizzante, la fibra (gomme, mucillagini) esercita anche un effetto ipoglicemizzante, ostacolando l'assorbimento di glucosio nell'intestino.

La fibra infine richiede una maggiore masticazione e questo comporta una minore introduzione di cibo, un senso di sazietà ed una riduzione dell'appetito e del peso.

È chiaro che il ventaglio di effetti benefici della fibra e delle sostanze ad essa assimilabili (Figura 14.1) può ridurre il ricorso ad interventi farmacologici non privi di effetti collaterali; inoltre gli effetti si evidenziano maggiormente in quei pazienti che limitano o addirittura evitano l'uso di grassi (soprattutto animali), zucchero e sali, che introducono quotidianamente una quantità sufficiente di acqua (circa 2 litri) e che evitano una vita sedentaria.

In conclusione, la fibra vegetale è un miscuglio di sostanze diverse con funzioni differenti e di diverso valore biologico. Per questo è difficile stabilire una precisa relazione tra la composizione della fibra e le proprietà biologiche ad essa attribuite. Comunque è sempre bene consumare regolarmente alimenti ricchi di fibre (frutta, ortaggi, legumi, cereali e loro derivati meno raffinati) anche se, per molti soggetti un

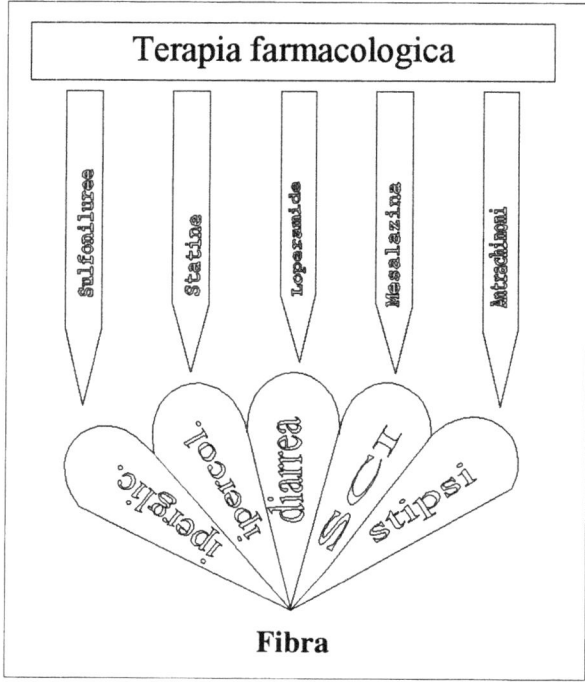

Fig. 14.1. Ventaglio di azioni della fibra; ipercol. (ipercolesterolemia), iperglic. (iperglicemia)

mezzo relativamente pratico, sicuro ed efficace è rappresentato dai prodotti alimentari (integratore alimentare o dietetico) e/o erboristici a base di: crusca, fruttani, psillio (cuticola o seme) o gomme (guar, karaya). Questi prodotti si usano in genere per normalizzare le funzioni intestinali e quelle metaboliche, ma anche, a dosaggi adeguati, per combattere la stipsi, l'ipercolesterolemia, il diabete e l'obesità (Tab. 14.1).

Tabella 14.1. Impieghi della fibra vegetale

Impiego	Obiettivo
Alimentare (dieta ricca di frutta, verdure, cereali)	Prevenire disturbi gastro-intestinali, metabolici, cardiovascolari
Dietetico (**salutistico**) (integratori alimentari a base di prebiotici, simbiotici, gomme, mucillagini)	Normalizzare funzioni gastrointestinali e metaboliche
Medicinale (prodotti fitoterapici a base di psillio, guar, karaya, ecc.)	Combattere stipsi, ipercolesterolemia, diabete, obesità

Glossario

Adenoma: forma tumorale, in genere benigna, che origina da una ghiandola.

Alimenti integrali: contengono la totalità degli elementi costitutivi.

Amido: zucchero costituito da una lunga catena di zuccheri più semplici. Per essere assimilato deve essere scisso nei suoi zuccheri costituenti.

Appendicite: processo infiammatorio acuto a carico dell'appendice.

Arteriosclerosi: malattia caratterizzata da una perdita generalizzata di elasticità da parte delle arterie.

Assorbimento: processo grazie al quale gli alimenti, scissi nei loro componenti semplici (aminoacidi, acidi grassi, zuccheri, ecc.), passano dal lume intestinale al torrente circolatorio e quindi agli organi e tessuti.

Aterosclerosi: lesione (placca ateromatosa) localizzata in alcune arterie di grosso e medio calibro (aorta, coronarie, arterie cerebrali, arterie renali).

Borborigma: gorgoglio addominale dovuto a movimento di gas nel contenuto liquido delle anse intestinali.

Calcoli biliari: concrezioni calcaree o di altra natura formatesi nella cistifellea. Possono avere grandezza variabile, da pochi millimetri ad un paio di centimetri ed essere di forma varia: rotonda, ellittica, poliedrica.

Caloria: unità di misura dell'energia liberata dagli alimenti.

Colecistochina: enzima che stimola la secrezione della colecisti e la secrezione degli enzimi pancreatici.

Colesterolo: un componente di tutte le membrane cellulari; oltre ad esercitare la funzione di materiale plastico per la formazione di nuove membrane, regola anche la mobilità dei componenti delle pareti cellulari.

Colon: tratto dell'intestino crasso formato da una porzione ascendente, una trasversa, una discendente ed il sigma che comunica con l'ampolla rettale.

Coronarie: arterie che irrorano e nutrono il miocardio (cuore).

Crasso: porzione del canale alimentare compresa tra la valvola ileo cecale e lo sfintere anale: si divide in cieco, colon e retto.

Diabete: malattia causata da un alterato metabolismo degli zuccheri.

Diverticolosi: formazione di estroflessioni sulle pareti del colon, dovute all'aumentata pressione intraluminale.

Emorroidi: dilatazioni diffuse varicose delle vene emorroidarie che irrorano la regione dello sfintere anale.

Enzima: sostanza che facilita lo svolgimento delle reazioni chimiche all'interno dell'organismo in tempo utile.

Ernia: fuoriuscita di un ansa intestinale attraverso un cedimento verificatosi nelle fasce della parete addominale.

Esoscheletro: lo scheletro esterno caratteristico degli Artropodi: è costituito da chitina, cui spesso si aggiungono sali minerali che gli conferiscono notevole durezza.

Fabbisogno: quantità di una sostanza particolare necessaria all'organismo.

Flatulenza: eccessiva formazione di gas nell'intestino ed eliminazione di questi per la via naturale.

Flora batterica intestinale: è data dai batteri residenti nel colon, utili per i processi di digestione degli alimenti e per la sintesi di vitamine (B, K ecc.).

Fosfolipidi: sono componenti fondamentali della membrana cellulare ed inoltre sono necessari per la formazione di strutture subcellulari quali ad esempio i mitocondri che ne sono ricchi.

Glicemia: quantità di zucchero contenuta nel sangue.

Glossario

HDL: lipoproteina ad alta densità. Sintetizzata nel fegato e probabilmente anche nell'intestino, è composta per il 50% di apoproteine, per il 30% di fosfolipidi e per il 18-20 % di colesterolo.

Insulina: ormone prodotto da particolari cellule del pancreas.

Ischemia cardiaca: deficiente afflusso di sangue al cuore.

LDL: lipoproteina a bassa densità. E' costituita per il 45% di colesterolo e per il 10% di trigliceridi. Valori elevati di questa frazione lipoproteica sono estremamente correlati con la mortalità per infarto.

Lignani: derivati del fenilpropanolo presenti nei tessuti legnosi della pianta. I lignani sono, tra l'altro, degli ottimi antitumorali e per questo sono delle sostanze di enorme interesse farmacologico.

Lipasi: enzima che catalizza la scissione dei gliceridi in acidi grassi e glicerina.

Malnutrizione: alimentazione difettosa per scarsezza di uno o più dei normali costituenti alimentari.

Metabolismo: insieme di processi chimici e fisici che avvengono nelle cellule e nei tessuti.

Micella: particella colloidale formata da molecole relativamente piccole.

Oligoelementi: sostanze minerali essenziali (cobalto, cromo, ferro, iodio, manganese, nichel, rame, zinco) che devono essere assunte con gli alimenti.

Peristalsi: motilità dell'intestino.

Polipi intestinali: formazione molle, peduncolata, che si forma sulla mucosa intestinale, specialmente dal duodeno in poi.

Polisaccaridi: zuccheri (monosaccaridi) legati tra loro a formare catene lineari (amido) o ramificate (cellulosa).

Raffinazione: insieme di processi applicati agli alimenti per eliminare impurità e scorie.

Sali minerali: composti importanti per l'organismo umano (sali di calcio, sodio, magnesio, fosforo, zolfo, potassio, cloro) che partecipano alla formazione dei tessuti ed alla funzione del sistema nervoso.

Sindrome: complesso di sintomi che possono essere provocati dalle cause più diverse.

Steatorrea: eccessiva presenza di grasso nelle feci.

Tenue: Porzione del canale alimentare compresa tra piloro e valvola ileo-cecale: si divide in duodeno, digiuno ed ileo.

Trigliceridi: trasportatori di energia e di sostanze di deposito. Il surplus dell'alimentazione può essere immagazzinato essenzialmente in forma di trigliceridi in quanto la capacità di accumulo di glicogeno da parte del fegato e della muscolatura è limitata.

Trocantere: tuberosità dell'estremità superiore del femore.

Bibliografia essenziale

Anderson J.W. (2000) Dietary fiber prevents carbohydrate-induced hypertriglyceridemia. Curr. Atheroscler. Rep. 2:536-541

Bazzano L.A., He J., Ogden L.G., Loria C.M., Vupputuri S., Myers L., Whelton P.K. (2002) Fruit and vegetable intake and risk of cardiovascular disease in US adults: the first National Health and Nutrition Examination Survey Epidemiologic Follow-up Study. Am. J. Clin. Nutr. 76:93-99

Bhathena S.J., Velasquez M.T. (2002) Beneficial role of dietary phytoestrogens in obesity and diabetes. Am. J. Clin. Nutr. 76:1191-1201

Bijkerk C.J., Muris J.W., Knottnerus J.A., Hoes A.W., de Wit N.J. (2004) Systematic review: the role of different types of fibre in the treatment of irritable bowel sindrome. Aliment. Pharmacol. Ther. 19:245-251

Bingham S.A. (1990) Mechanisms and experimental and epidemiological evidence relating dietary fibre (non-starch polysaccharides) and starch to protection against large bowel cancer. Proc. Nutr. Soc. 49:153-171

Bingham S.A., Day N.E., Luben R., Ferrari P., Slimani N., Norat T., Clavel-Chapelon F., Kesse E., Nieters A., Boeing H., Tjonneland A., Overvad K., Martinez C., Dorronsoro M., Gonzalez C.A., Key T.J., Trichopoulou A., Naska A., Vineis P., Tumino R., Krogh V., Bueno-de-Mesquita H.B., Peeters P.H., Berglund G., Hallmans G., Lund E., Skeie G., Kaaks R., Riboli E.; European Prospective Investigation into Cancer and Nutrition. (2003) Dietary fibre in food and protection against colorectal cancer in the European Prospective Investigation into Cancer and Nutrition (EPIC): an observational study. Lancet 361:1496-1501

Borel P., Lairon D., Senft M., Chautan M., Lafont H. (1989) Wheat bran and wheat germ: effect on digestion and intestinal absorption of dietary lipids in the rat. Am. J. Clin. Nutr. 49:1192-1202

Brown L., Rosner B., Willett W.W., Sacks F.M. (1999) Cholesterol-lowering effects of dietary fiber: a meta-analysis. Am. J. Clin. Nutr. 69:30-42

Capasso F., Gaginella T.S. (1997) Laxatives - A practical guide. Springer, Milano

Capasso F., Grandolini G. (1999) Fitofarmacia: impiego razionale delle droghe vegetali, 2a ed. Springer, Milano

Capasso F., De Pasquale R., Mascolo N., Grandolini G. (2000) Farmacognosia - Farmaci naturali, loro preparazioni ed impiego terapeutico. Springer, Milano

Capasso F., Gaginella T.S., Grandolini G., Izzo A.A. (2003). Phytotherapy. A quick reference to herbal medicine. Springer, Berlin

Duggan C., Gannon J., Walker W.A. (2002) Protective nutrients and functional foods for the gastrointestinal tract. Am. J. Clin. Nutr. 75:789-808

Fernandez-Banares F., Hinojosa J., Sanchez-Lombrana J.L., Navarro E., Martinez-Salmeron J.F., Garcia-Puges A., Gonzalez-Huix F., Riera J., Gonzalez-Lara V., Dominguez-Abascal F., Gine J.J., Moles J., Gomollon F., Gassull M.A. (1999) Randomized clinical trial of Plantago ovata seeds (dietary fiber) as compared with mesalamine in maintaining remission in ulcerative colitis. Am. J. Gastroenterol. 94:427-433

Fernandez M.L. (1995) Distinct mechanisms of plasma LDL lowering by dietary fiber in the guinea pig: specific effects of pectins, guar gum and psyllium. J. Lipid. Res. 36: 2394-2404

Fontaine K.R., Redden D.T., Wang C., Westfall A.O., Allison D.B. (2003) Years of life lost due to obesity. JAMA 289:187-193

Fugh-Berman A. (2000) Herb-drug interactions. Lancet 355:134-138

Goossens D., Jonkers D., Stobberingh E., van den Bogaard A., Russel M., Stockbrugger R. (2003) Probiotics in gastroenterology: indications and future perspectives. Scand. J. Gastroenterol. Suppl. 239:15-23

Huth K., Burkard M. (2004) Ballaststoffe. Wissenschaftliche Verlagsgesellschaft mbH, Stuttgart

Kenchaiah S., Evans J.C., Levy D., Wilson P.W., Benjamin E.J., Larson M.G., Kannel W.B., Vasan R.S. (2002) Obesity and the risk of heart failure. N. Engl. J. Med. 347:305-313

Khalili B., Bardana E.J. Jr., Yunginger J.W. (2003) Psyllium-associated anaphylaxis and death: a case report and review of the literature. Ann. Allergy Asthma Immunol. 91:579-584

Knopp R.H. (1999) Drug treatment of lipid disorders. N. Engl. J. Med. 341:498-511

Marlett J.A., McBurney M.I., Slavin J.L. (2002) Position of the American Dietetic Association: health implications of dietary fiber. J. Am. Diet. Assoc. 102:993-1000

Marteau P., Seksik P. (2004) Tolerance of probiotics and prebiotics. J. Clin. Gastroenterol. 38:S67-69

Marteau P., Miettinen T.A., Tarpila S. (1989) Serum lipids and cholesterol metabolism during guar gum, plantago ovata and high fibre treatments. Clin. Chim. Acta 183:253-262

Mills S., Bone K. (2000) Principles and Practice of Phytotherapy. Churchill Livingstone, Edimburgh

Moreno L.A., Tresaco B., Bueno G., Fleta J., Rodriguez G., Garagorri J.M., Bueno M. (2003) Psyllium fibre and the metabolic control of obese children and adolescents. J. Physiol. Biochem. 59:235-242

Morgan L.M., Goulder T.J., Tsiolakis D., Marks V., Alberti K.G. (1979) The effect of unabsorbable carbohydrate on gut hormones. Modification of post-prandial GIP secretion by guar. Diabetologia 17:85-89

Ohta A., Ohtsuki M., Uehara M., Hosono A., Hirayama M., Adachi T., Hara H. (1998) Dietary fructooligosaccharides prevent postgastrectomy anemia and osteopenia in rats. J. Nutr. 128:485-490

Parisi G.C., Zilli M., Miani M.P., Carrara M., Bottona E., Verdianelli G., Battaglia G., Desideri S., Faedo A., Marzolino C., Tonon A., Ermani M., Leandro G. (2002) High-fiber diet supplementation in patients with irritable bowel syndrome (IBS): a multicenter, randomized, open trial comparison between wheat bran diet and partially hydrolyzed guar gum (PHGG). Dig. Dis. Sci. 47:1697-1704

Pittler M.H., Abbot N.C., Harkness E.F., Ernst E. (1999) Randomized, double-blind trial of chitosan for body weight reduction. Eur. J. Clin. Nutr. 53:379-381

Pittler M.H., Ernst E. (2001) Guar gum for body weight reduction: meta-analysis of randomized trials. Am. J. Med. 110:724-730

Roberfroid M., Slavin J. (2000) Non digestible oligosaccharides. Crit. Rev. Food. Sci. Nutr. 40:461-480

Rodriguez-Cabezas M.E., Galvez J., Camuesco D., Lorente M.D., Concha A., Martinez-Augustin O., Redondo L., Zarzuelo A. (2003) Intestinal anti-inflammatory activity of dietary fiber (Plantago ovata seeds) in HLA-B27 transgenic rats. Clin. Nutr. 22:463-471

Rosenbaum M., Leibel R.L., Hirsch J. (1997) Obesity. N. Engl. J. Med. 337: 396-407

Salguero Molpeceres O., Seijas Ruiz-Coello M.C., Hernandez Nunez J., Caballos Villar D., Diaz Picazo L., Ayerbe Garcia-Monzon L. (2003) Esophageal obstruction caused by dietary fiber from Plantago ovata, a complication preventable by adequate information. Gastroenterol. Hepatol. 26:248-250

Slavin J.L., Jacobs D., Marquart L., Wiemer K. (2001) The role of whole grains in disease prevention. J. Am. Diet. Assoc. 101:780-785

Slavin J.L., Greenberg N.A. (2003) Partially hydrolised guar guam: clinical nutrition uses. Nutrition 19:549-552

Spapen H., Diltoer M., Van Malderen C., Opdenacker G., Suys E., Huyghens L. (2001) Soluble fiber reduces the incidence of diarrhea in septic patients receiving total enteral nutrition: a prospective, double-blind, randomized, and controlled trial. Clin. Nutr. 20:301-305

The Medical Letter: Tre nuovi farmaci per le iperlipemie. Anno XXXII, No 8, 15 aprile 2003, pp 29-31

Uehara M., Ohta A., Sakai K., Suzuki K., Watanabe S., Adlercreutz H. (2001) Dietary fructooligosaccharides modify intestinal bioavailability of a single dose of genistein and daidzein and affect their urinary excretion and kinetics in blood of rats. J. Nutr. 131:787-795

Velazquez O.C., Lederer H.M., Rombeau J.L. (1996) Butyrate and the colonocyte. Implications for neoplasia. Dig. Dis. Sci. 41:727-739

Wisker E., Nagel R., Tanudjaja T.K., Feldheim W. (1991) Calcium, magnesium, zinc, and iron balances in young women: effects of a low-phytate barley-fiber concentrate. Am. J. Clin. Nutr. 54:553-559

Yanovsky S.Z., Yanovsky J.A. (2002) Obesity. N. Engl. J. Med. 346:591-602

Indice analitico

Acido 5-7, 13, 14, 21, 35, 40, 43, 44, 52, 54, 57, 60, 64, 72
Acidi 1, 3, 6, 7, 9, 13, 20, 21, 24, 25, 35, 36, 40-44, 49, 52, 57, 59-61, 66, 73, 75, 81, 83
  acetico 35, 72
  alginico 13
  biliari 1, 9, 20, 21, 25, 35, 36, 41-43, 49, 59, 66, 75
  fitico 14, 52
  grassi a catena corta 24, 25, 42
  grasso omega-3 44
  lattico 35, 57
  propionico 23, 35
Adenomi 53
Agar 12, 40, 41
Agiocur 66
Agiofibra 67
Agiolax 33, 63, 67
Aldosterone 37
Amfetamine 51
Amido 3, 5, 8, 13, 15, 48, 52, 55, 62, 72, 81, 83
Analgesici 32, 37
Anestetici generali 32
Anoressizzanti 51
Ansiolitici 30, 32
Antiacidi 32, 37
Antiaritmici 32

Anticolinergici 30, 32
Antidepressivi 30, 32
Antidiarroici 23, 32
Anti-H1 32
Antineoplastici 30, 32
Antiparkinsoniani 30, 32
Antipertensivi 32
Antispastici 32, 33
Antipsicotici 32
Antrachinoni 32, 67
Artovastatina 43
Atropina 32
Aucubina 62, 63
Avena 14, 18, 19, 23, 38, 39, 63
  sativa 38
Azione trofica 64

Bezafibrato 44
Benzfentamina 51
Benzodiazepine 32
Beta-glicuronidasi 25
Bibite 18, 19
Biozym 56, 67
BMI 45, 46
Borborigma 60, 81
Butirrofenoni 32
Cancro 1, 18, 20, 21, 24-26, 60, 66, 75
Carboidrati 3, 12, 35, 49, 54-56

Carbossimetilcellulosa 12, 14, 22
Carotenoidi 12, 21
Carragenina 12-14
Cellulosa 3, 5-11, 14, 18, 22, 40, 41, 63, 75, 83
Cere 4, 12, 18
Cereali integrali 18, 19, 38
Chitina 15, 82
Clofibrato 44
Clonidina 32
Colesterolo 1, 9, 10, 13, 21-23, 40-44, 56, 59, 61, 63, 66, 67, 70, 71, 74, 75, 82, 83
Colestipolo 32, 43
Colestiramina 32, 43
Composti solforati 12, 21
Crampi 17, 52, 60
Crusca 4, 8, 10, 23, 25, 38, 39, 41, 64, 66, 76
Cyamopsis 69

Dacarbazina 32
Daidzeina 60
DEAE-destrano 43
DHA 44
Diabete 18, 21, 30, 31, 40, 46, 51, 67, 76, 77, 82
Diarrea 28, 33, 56, 60, 61, 64, 65, 72, 75
Dietilpropione 51
Dischezia rettale 32, 36
Discinil 33
Diuretici 32
Diverticolosi 17, 20, 65, 66, 72, 74, 82
Dulcolax 33

Effetto 1, 9-13, 17, 20, 22, 24, 25, 34-38, 40-42, 49-52, 57, 58-63, 65, 67, 71, 75

bulking 10, 22, 38
indesiderati 52, 72, 73
ipocolesterolemizzante 13, 40-42, 62, 68
procinetico 34
trofico 52
Emicellulose 5-8, 11, 55, 74
EPA 44
Ezetimibe 43

Fendimetrazina 51
Fenofibrato 44
Fenotiazine 32
Fertermina 51
Fibra 2-5, 7-12, 15, 17-28, 33-43, 45, 47-50, 52, 53, 55, 63, 64, 67, 71, 74-76
  alimentare 3, 5, 10, 17, 19, 20, 22, 28, 33-39, 47-50, 52, 74
  funzionale 4
  grezza 3
  totale 4
  vegetale 5-9, 12, 15, 17, 21, 33, 74-76
Fibrati 43, 44
Flatulenza 52
Flavonoidi 12, 15, 16, 63, 74, 75
Florbiot 56
Fluvastatina 43
Formaggi 18
FOS 37, 49, 55-60
Frumento 4, 18, 19, 22, 25, 38, 39, 41
Frutta 10, 15, 18, 19-21, 39, 40, 52, 75, 76
Galattomannano 69
Ganglioplegici 32
Gas 23, 35, 64, 81, 82
Gemfibrozil 44

Indice analitco

Genisteina 60
Glicoproteine 4, 12
Gomma 3, 12, 13, 40, 41, 49, 63, 69, 70-73
   arabica 12, 13, 41
   di psillio 63
GOS 55, 56
Guar 3, 22, 23, 40, 41, 49, 69, 70-72, 76, 78, 79
Guttalax 33

HDL 21, 23, 43, 44, 67, 83
HMG-CoA 42, 43, 59
Hordeum vulgare 38

Idrocolloide 63
Idrocolloidi 3, 7
Idrossido di Al 32
Imodorm 55
Indometacina 32
Insulina 24, 49, 50, 68, 83
Integratore 61, 76
Intestino 1, 5, 9, 17, 18, 21, 22, 24-28, 30, 35-37, 42, 53, 55-57, 71, 75, 82, 83
   colon 1-3, 5, 10, 11, 18, 20, 21, 23-30, 33-37, 52-60, 63-68, 71-75, 80, 82
   crasso 3, 22, 27, 82
   tenue 3, 9, 24, 36, 55, 57, 84
Ipolipemizzanti 30, 32
Isoflavoni 21, 26, 60

Karaya 3, 22, 41, 69, 72, 73, 76

Lassativi 23, 27, 28, 30, 32, 37, 38, 63

Latte 18, 19
LDL 23, 40, 43, 44, 59, 66, 67, 70, 78, 83
Lectine 12
Legumi 10, 12, 13, 18, 19, 21, 40, 52, 60, 75
Lignani 21, 26, 83
Lignina 5, 9, 10, 18
Litio 67
Loperamide 32
Lovastatina 43

MAO-inibitori 32
Mesalamina 66, 78
Metamucil 63
Metildopa 32
Mucillagine 62, 63, 66
Mucilloide idrofilico 63

NFkB 26
Novafibra 72
Nutricol 56, 67

Obesità 18, 21, 45-47, 49-51, 73, 76-80
Oligosaccaridi 4, 6, 12, 21, 54-57
Oppiacei 32
Orlistat 51
Ortaggi 18, 19, 75
Orzo 14, 18, 29, 38, 39, 71
Oryza sativa 38
OTC 27

Papaverina 32
Pectine 5-10, 21, 23, 40, 41, 49, 52, 55, 66, 74

PHGG 72, 79
Pirilamina 32
Placche aterogene 21, 43
Plantago spp. 61-63, 78-80
Plesso 29
   Auerbach 29
   Meissner 29
Prazosina 32
Prebiotici 54- 56, 76
Probiotici 56
Psillio 3, 22, 23, 25, 33, 37, 40, 41, 55, 56, 61-68, 76
Puntuale fibre 33, 55, 63 ,67
Pursennid 33

Reazioni allergiche 67
Resine 43
Riso 2, 14, 18, 19, 38, 39
Rosuvastatina 43

Saponine 4, 12, 13, 74
SCI 65, 66
Sibutramina 51
Simbiotici 56, 76
Simvastatina 43
SOP 27
SOS 55
SP 27
Statine 43, 44
Sterculia 72

Stipsi 1, 18, 20, 27-39, 43, 51, 56, 58, 61, 64, 65, 71, 72, 74, 76
   acuta 36
   cronica 26, 36, 37
   funzionale 30 ,32, 33, 36, 58
   iatrogena 30, 36
   secondaria 30, 36
   sintomi 29
Stomaco 3, 9, 20, 54, 57

Tannini 4, 12, 15, 74
Tiazidici 32
TOS 55, 56
Triciclici 32
Trigliceridi 21, 23, 40, 43, 56, 59, 67, 71, 83, 84
Trimetafano 32
Triticum aestivum 38

Uova 19

Verapamile 32
Vinca 32
VLDL 44

Yogurt 18, 54

If you have any concerns about our products,
you can contact us on
ProductSafety@springernature.com

In case Publisher is established outside the EU,
the EU authorized representative is:
**Springer Nature Customer Service Center GmbH
Europaplatz 3, 69115 Heidelberg, Germany**

Printed by Libri Plureos GmbH
in Hamburg, Germany

La fibra

La fibra è la parte edibile degli alimenti che resiste agli enzimi digestivi.
Il ruolo della fibra nella dieta è stato rivalutato in questi ultimi anni, soprattutto per i possibili effetti sulle funzioni intestinali e sul metabolismo glucidico e lipidico.
Integrazioni di psillio, ma anche di gomme quali guar e karaya determinano un più immediato effetto lassativo, ipoglicemizzante ed ipocolesterolemizzante. Tuttavia, la fibra alimentare può garantire un beneficio più ampio per la presenza negli alimenti di sostanze quali bioflavonoidi, carotenoidi e fitoestrogeni. Scopo del volume, corredato di numerose figure e tabelle che sintetizzano i concetti illustrati, è di aiutare il lettore a comprendere meglio il ruolo che la fibra svolge in alcuni disturbi che affliggono sempre di più i popoli dei paesi industrializzati.

€ 16,95

> springer.it